Vivian Gabor | Myriam Zimmer

Sinnvoll lernen

Müller Rüschlikon

Impressum

Einbandgestaltung: R2 I Ravenstein, Verden

Titelfoto: CAVALLO/Rädlein
Fotos auf der Umschlagrückseite: oben und Mitte: CAVALLO/Rädlein; unten: Julien Zimmer

Bildnachweis: siehe Seite 158

Aus Gründen der Lesbarkeit wurde im Text die weibliche Form gewählt, nichtsdestoweniger beziehen sich die Angaben auf alle Geschlechter.

ISBN 978-3-275-02338-7

Postfach 103743, 70032 Stuttgart
Ein Unternehmen der Paul Pietsch Verlage GmbH & Co. KG

1. Auflage 2025

Sie finden uns im Internet unter
www.mueller-rueschlikon-verlag.de

Gesamtleitung: Claudia König

Innengestaltung: R2 I Ravenstein, Verden

Druck und Bindung: Graspo CZ, 76302 Zlin,
Printed in Czech Republic

Wie Umwelteinflüsse uns helfen können, eine sichere und vertrauensvolle Beziehung zu unserem Pferd zu erschaffen und neuen Herausforderungen mit Freude zu begegnen, erfährst du in diesem Buch.

Hintergrund

Absolvierst du täglich die gleichen Bahnfiguren? Nimmst du beim Ausreiten immer dieselben Wege? Kennst du die Situation, dass dein Pferd immer wieder an derselben Stelle ohne ersichtlichen Grund scheut? Oder verletzt es sich sogar selbst, obwohl alles augenscheinlich pferdesicher ist?

Im Laufe der Jahre ist uns immer wieder aufgefallen, dass viele Pferdeliebhaber großen Aufwand betreiben, um ihre Pferde körperlich zu trainieren. Sie fördern ihre Pferde gymnastisch, erarbeiten Lektionen und ermöglichen ihnen bestenfalls eine körperliche Ausbildung, um gesund mit dem Menschen zusammen Freizeit oder Sport zu absolvieren. Diese Hingabe erstreckt sich über alle Bereiche des Pferdesports, sei es in der Barockreiterei, dem Western- oder Springreiten, im Fahrsport oder beim Freizeitreiten. In den meisten Fällen liegt der Fokus auf der körperlichen Ausbildung des Pferdes, sei es, um bestimmte Sprunghöhen zu erreichen, Dressurlektionen zu beherrschen, spektakuläre Spins auszuführen oder beeindruckende Vorführungen in der Freiarbeit zu zeigen. Pferde sollen eine Vielzahl von Fähigkeiten erlernen. Doch Lernen geht über den bloßen körperlichen Aspekt weit hinaus. Räumen wir unseren Pferden genug Zeit ein, sie geistig zu fördern? Wann unterstützen wir sie dabei, eigenständige Entscheidungen zu treffen, selbstwirksam zu sein und auf dieser Basis mit dem Reiter zu kommunizieren?

In diesem Buch erkunden wir, wie die bewusste Integration von Umwelteinflüssen nicht nur das Pferdetraining verbessern kann, sondern auch eine tiefere Verbindung zwischen Pferd und Mensch schafft. Das Verständnis für die Natur des Pferdes und die Anpassung des Trainings an die Umgebung eröffnen neue Wege zu einer harmonischen Partnerschaft.

Die meisten Pferdeliebhaber wünschen sich ein Pferd als Partner, der sie zuverlässig zu ihren Zielen führt und mit ihnen durch dick und dünn geht. Doch wünschen wir uns darüber hinaus nicht auch ein Pferd, das in der Lage ist, mit uns zu kommunizieren, anstatt sich so sehr auf sich selbst zu konzentrieren, dass es uns nicht zuhören kann?

Genau hier setzt dieses Buch an. In der heutigen Zeit begegnen wir vielen Pferden, die apathisch wirken, kaum noch reagieren und äußerst passiv sind. Oder Pferde, deren Besitzer so sehr damit beschäftigt sind, eine perfekte Umgebung zu schaffen, dass keine Reize das hypersensible Tier aus dem Konzept bringen dürfen. Andere Pferde hingegen wirken unruhig, können sich nicht konzentrieren und verletzen sich oft selbst, da sie keinen Bezug zu ihrem eigenen Körper haben und auf die Hilfe des Menschen angewiesen sind, um sich zu koordinieren.

Wir investieren viel Zeit und Geld in die physische Ausbildung unserer Pferde. Wir nehmen Reitstunden, besuchen Lehrgänge, lesen viele Bücher und kaufen das richtige Equipment. Aber was ist mit dem Verstand unserer Pferde? Was ist mit ihrer Intelligenz? Wenn wir ihre geistigen

Fähigkeiten gezielt fördern, können sie dann nicht schneller lernen, was wir von ihnen erwarten? Könnten wir, wenn wir sie nur im richtigen Lernverhalten fördern, ihnen am effektivsten zeigen, wie sie am besten über Sprünge kommen, ohne die Stangen zu berühren? Wie sie uns in schwierigen Situationen im Wald unterstützen können? Wie sie über die Weide toben können, ohne sich zu verletzen?

Genau das ist das Ziel: Ein Pferd, das eigenverantwortlich handelt, mitdenkt und nicht ständig auf die Hilfe des Menschen angewiesen ist. Ein Pferd, welches sich nicht aus mangelnder Koordination im Alltag verletzt, sondern selbstwirksam ist und damit folglich auch mental gesund bleibt.

Das Schöne daran ist, dass dies gar nicht so kompliziert ist. Dieses Buch soll dir zeigen, wie du all das mit deinem Pferd erreichen kannst. Du benötigst keine Reithalle, keine teure Ausrüstung und du musst auch kein Profireiter sein. Dieses Training kann von jedem Pferdeliebhaber mit grundlegendem Wissen leicht umgesetzt werden.

Vorwort aus der Pferdewissenschaft

Betrachtet man die Natur des Pferdes, ist diese gekennzeichnet durch ein Leben voller Abwechslung und immer neuen herausfordernden Aufgaben. Die Herde streift durch eine sich ständig ändernde Umwelt, und auch das Sozialgefüge der Herdenstruktur verändert sich zeitlebens. Pferde sind äußerst soziale Wesen, deren Überlebensstrategie in der Flucht und den hierfür ausgestatteten scharfen Sinnen liegt. Ihr gesamter Organismus ist perfekt an ihr Leben angepasst. Die Sinne sind für die Erkennung von Feinden geschärft, hierzu zählt die gute Peripheriesicht und das Erkennen von kleinsten Bewegungen, so wie ein Rundum-Hören. Dies macht sie zu Detektoren von Gefahren.

Aber auch die Selektion von Futter durch einen guten Geruchs- und Geschmackssinn stellt einen sehr fein ausgeprägten Wahrnehmungskanal dar. Bitterstoffe werden genauso herausgeschmeckt, wie wohlschmeckende Früchte und saftige Blätter.

Die feine soziale Kommunikation ist auf das Erkennen von feinsten mimischen Veränderungen im Gesicht der Artgenossen sowie deren Körperspannung und -gesten spezialisiert. So synchronisiert sich die Herde, wenn die muskuläre Spannung und Aufmerksamkeit der Gruppe sich ändert – droht eine Gefahr, fliehen alle. Genauso zeigt die niedrige Körperspannung an, dass Sicherheit herrscht und lädt zum Ausruhen ein.

Pferd und Mensch können ein gutes Team werden.

Pferde erkennen sich untereinander durch ihr gutes Gedächtnis, das individuelle Aussehen und ihren spezifischen Geruch. Sie bilden Freundschaften und verteilen ihre Aufgaben in der Herde so, dass alle bestmöglich geschützt sind. Dies ist nur möglich, durch eine hoch ausgeprägte Lernfähigkeit im assoziativen Bereich, welches Unterscheidungen und das Wiedererkennen von Bekanntem genauso beinhaltet, wie das neue Erlernen von Reizen und deren Bedeutung.

Alle ihre scharfen Sinne und ihr optimaler Körperbau sind darauf ausgelegt, als soziale Fluchttiere in ihrem Lebensraum bestmöglich zu überleben.

Was passiert aber, wenn wir diese Tiere in menschliche Obhut nehmen? Wir halten sie isoliert oder in künstlich zusammengestellten Gruppen, wir entziehen ihnen womöglich wichtige Grundbedürfnisse und züchten sie so, dass unser Nutzen an ihnen möglichst optimiert wird. So passiert – und dies gar nicht aus bösem Willen – dass diese Art der Pferdehaltung für uns zur Normalität wird. So erkennen wir zum Teil nicht mehr, in welchem Maße ihre Grundbedürfnisse eingeschränkt werden und ihre Talente verkümmern. Wir legen in der Zucht, der Haltung sowie im Training nicht den größten Wert darauf, dass Pferde sich ihrer guten Sinne und ihrer Intelligenz bedienen, um ihre Aufgaben zu erfüllen, sondern meist, dass sie uns gehorchen und genau das tun, was wir von ihnen verlangen. Die Frage stellt sich, ob dies immer pferdegerecht ist.

Sicherlich sind wir in der Verantwortung, unsere Pferde sicher durch die uns geschaffene Welt zu geleiten und mit ihnen kommunizieren zu können, sodass wir ihr Verhalten stets positiv beeinflussen können. Wir haben die Verantwortung, auf sie achtzugeben und ihre Sicherheit zu gewährleisten. Innerhalb ihres täglichen Lebens, aber auch außerhalb, im Gelände, auf Straßen oder auf Wettbewerben. Es steht außer Frage, dass der Mensch mit seinem Überblick über die menschliche Welt und seiner Verantwortung das Pferd zu schützen hat und somit auch Einfluss auf das Pferd haben muss. Inwieweit kann man aber die natürlichen Talente und die guten Sinnesleistung des Pferdes in ein Training integrieren, sodass dies für beide gleichermaßen sinnvoll, motivierend und partnerschaftlich hochwertig ist? Integrieren wir ihre guten sensorischen Leistungen sowie ihre eigene Wirksamkeit in das gemeinsame Training, sind die Pferde nicht mehr nur auf den Schutz des Menschen angewiesen, sondern können sich auch selbst schützen. Sie erlangen durch dieses Training eine bessere Einschätzung ihrer selbst, fordern und fördern ihre sensorischen und motorischen Talente und nutzen ihre scharfen Sinne. Sie werden dadurch zu selbstwirksamen Wesen, genau so wie es die Natur von ihnen stets verlangt hat. Sie erlangen damit die psychologisch so wichtige Selbstwirksamkeit und die Abschätzbarkeit der eigenen Fähigkeiten. Dies dient nicht nur der täglichen körperlichen und mentalen Abwechslung und Herausforderung, sondern auch ganz klar zum eigenen Schutz.

Beim gemeinsamen Erkunden der Umwelt die Beziehung verbessern – das kann jeder mit seinem Pferd schaffen.

Die körperliche Verletzbarkeit sinkt, wenn koordinative Fähigkeiten sowie mentale Stärke gefördert werden. Überängstlichkeit schwindet genauso wie Stumpfsinnigkeit. Diese Art von Förderung hält das Pferd mental gesund. In der Natur gibt es keine erlernte Hilflosigkeit oder »Insichgekehrtheit« bis zur Depression. Diese mentalen Auffälligkeiten gibt es nur in menschlicher Obhut, weil hier die geistige und körperliche Verfassung zu verkümmern droht.

Lasst uns also gemeinsam dafür sorgen, dass durch kleine Veränderungen im Alltag, Pferde ihre Talente und ihre gut ausgebildeten Sinne dazu nutzen, sich selbst zu schützen, neue Dinge zu erlernen, an Herausforderungen zu wachsen und mit den Menschen eine wertvolle und partnerschaftliche Beziehung einzugehen!

Wahrnehmung und Informationsverarbeitung

Pferde nehmen durch ihre Sinne (Sehen, Hören, Fühlen, Riechen und Schmecken) bio-physikalische Reize der Umwelt wahr. Es findet eine Reizfilterung statt, indem spezielle Rezeptoren in den Sinnesorganen nur die für sie adäquaten Reize wahrnehmen. Dabei besteht ein Reiz bzw. ein sensorischer Input aus einem physikalischen oder chemischen Energiemuster, welches auf einen ganz spezifischen Rezeptor trifft. Wird die Reizschwelle eines Rezeptors überschritten, wandelt sich die Information durch ein Rezeptorpotential in ein neurales Signal um, das zum Gehirn weitergeleitet wird und so eine Sinneswahrnehmung hervorruft. Nach dem Weber-Fechner-Gesetz nimmt ein Sinnesorgan erst ab einer bestimmten Intensitätsänderung des Reizes eine Veränderung wahr. Was ein Organismus wahrnehmen kann, ist an seine Lebensweise und die ökologische Nische, in der er lebt, angepasst.

Umwelteinflüsse im Pferdetraining

Ein wesentlicher Aspekt im erfolgreichen Pferdetraining ist die bewusste Einbeziehung von Umwelteinflüssen. Diese Einflüsse können von der natürlichen Umgebung, Wetterbedingungen bis hin zu unerwarteten Situationen reichen. In diesem Buch erforschen wir, wie wir diese Faktoren gezielt nutzen können, um das Pferdetraining zu bereichern und die Beziehung zwischen Reiterin und Pferd zu vertiefen.

Sensibilisierung für die Umwelt

Bevor wir Umwelteinflüsse gezielt nutzen können, ist es wichtig, dass sowohl Reiterin als auch Pferd für ihre Umgebung sensibilisiert sind. Dies beinhaltet eine achtsame Wahrnehmung von Geräuschen, Gerüchen und visuellen Reizen.

Durch gemeinsame Zeit in unterschiedlichen Umgebungen entwickeln Pferd und Mensch ein Verständnis füreinander und ihre Umwelt.

Integration von Naturhindernissen

Pferde sind von Natur aus neugierige Tiere. Anstatt Hindernisse zu vermeiden, können wir lernen, wie wir natürliche Elemente wie Pfützen, Baumstämme oder Hügel in das Training einbeziehen können. Dies fördert nicht nur die korperliche Fitness, sondern auch die mentale Stärke des Pferdes.

Wetterbedingungen als Trainingspartner

Regen, Wind oder Sonnenschein – jedes Wetter bietet einzigartige Möglichkeiten für das Pferdetraining. Durch die Anpassung des Trainings an unterschiedliche Wetterbedingungen gewöhnen sich Pferde an verschiedene Umweltreize, was ihre Gelassenheit und Vielseitigkeit stärkt.

Umgang mit unerwarteten Situationen

Im Pferdetraining kann es zu unvorhergesehenen Ereignissen kommen. Ob plötzliche Geräusche, vorbeifahrende Fahrzeuge oder andere Tiere – hier bietet sich die Chance, mit dem Pferd gemeinsam bewusste Lösungen zu finden.

Die Balance zwischen Herausforderung und Sicherheit

Wichtig ist, die Umwelteinflüsse so zu dosieren, dass sie als Herausforderung, aber nicht als Bedrohung wahrgenommen werden. Die Kunst besteht darin, eine ausgewogene Balance zu finden, die das Vertrauen stärkt und das Pferd motiviert, neue Aufgaben anzunehmen.

Kommunikation in der Umwelt

Die Umgebung bietet zahlreiche Gelegenheiten für eine verbesserte Kommunikation zwischen Mensch und Pferd. Durch das bewusste Beobachten der Umwelt können feine Signale und Reaktionen des Pferdes besser interpretiert werden. Dies fördert nicht nur die klare Verständigung, sondern stärkt auch die gegenseitige Aufmerksamkeit.

Kreativität im Training

Die Nutzung von Umwelteinflüssen eröffnet eine Vielzahl von kreativen Trainingsmöglichkeiten. Vom natürlichen Trail-Parcours über Freiarbeit bis hin zu spielerischen Übungen in unterschiedlichen Umgebungen – die kreative Anpassung des Trainings an die Umwelt fördert nicht nur die Abwechslung, sondern regt auch die Neugier des Pferdes an.

Vertrauen aufbauen

Das gezielte Einbeziehen von Umwelteinflüssen erfordert oft einen schrittweisen Ansatz. Durch die schrittweise Präsentation von neuen Umgebungsreizen kann das Vertrauen des Pferdes gestärkt werden. Hierbei spielt die feinfühlige Einschätzung des Pferdes und das Erkennen seiner individuellen Grenzen eine zentrale Rolle.

Reflexion und Anpassung

Ein kontinuierlicher Lernprozess ist essenziell. Nach jeder Trainingseinheit ist es wichtig, die Reaktionen des Pferdes zu reflektieren und das Training entsprechend anzupassen. Dies ermöglicht eine ständige Weiterentwicklung und Anpassung an die individuellen Bedürfnisse von Reiterin und Pferd.

Wir können täglich die Neugier des Pferdes nutzen, um gemeinsam die Umwelt zu entdecken und Vertrauen in der Kommunikation aufzubauen.

Umwelteinflüsse als Bereicherung sehen

Abschließend raten wir zu der Perspektive, Umwelteinflüsse nicht als Hindernisse, sondern als Bereicherung zu betrachten. Die natürliche Umgebung bietet eine Fülle von Ressourcen für ein ganzheitliches Pferdetraining, das nicht nur auf körperlichen Aspekten beruht, sondern auch die mentale Stärke und emotionale Bindung zwischen Mensch und Pferd anstrebt.

In diesem Buch werden wir einen Einblick in die vielfältigen Möglichkeiten geben, wie Umwelteinflüsse das Pferdetraining gezielt aufwerten können. Durch die bewusste Integration von Natur und Umgebung schaffen Mensch und Pferd nicht nur eine Bereicherung zum Training, sondern auch ein mit vielfältigen Erfahrungen erfülltes Leben.

Aufbau dieses Buches

Die Struktur des Buches haben wir für dich klar und übersichtlich aufgebaut. Es besteht aus verschiedenen Kapiteln, die jeweils in einzelne Übungen unterteilt sind. Diese Übungen folgen einem wiederkehrenden Ablauf, den du dann immer eigenständiger auf neue Situationen übertragen kannst.

Ob natürliche Umweltreize oder kreativ von uns genutzte Objekte, ob freies Entdecken oder gemeinsames Erarbeiten, dieses Buch schafft Anreize für neue Ideen.

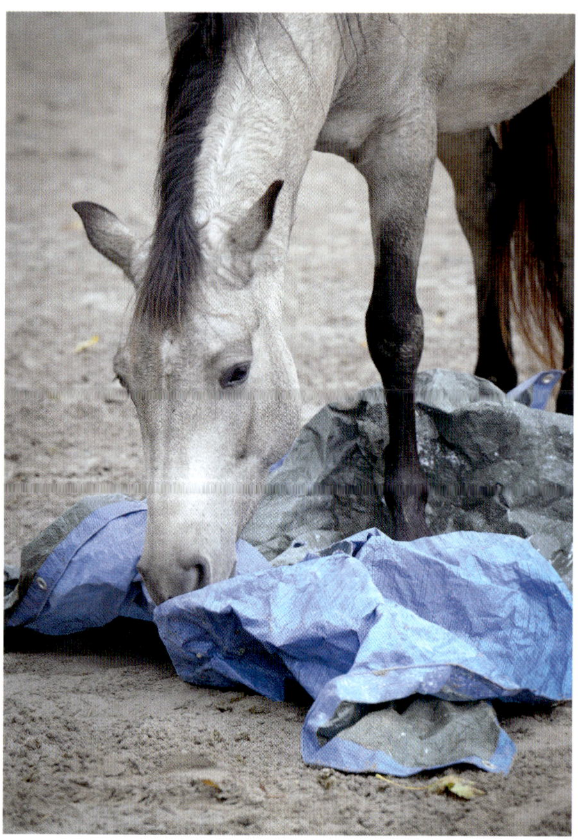

Kapitel

Die Kapitel des Buches behandeln verschiedene Aspekte und enthalten jeweils Übungen zu diesen Themen. Das Ziel ist nicht, das herkömmliche Training zu ersetzen, sondern vielmehr, Wege aufzuzeigen, wie du auf sinnvolle Weise die kognitive und motorische Entwicklung deines Pferdes in verschiedenen Situationen fördern kannst. Wir starten mit den Sinneswahrnehmungen, erläutern verschiedene Methoden zur Übung und gehen dann zur Förderung der Selbstwirksamkeit des Pferdes über.

Übungen

Alle Übungen können und sollen in den normalen Alltag integriert werden. Du bekommst hier Ideen, wie du den Lebensraum deines Pferdes abwechslungsreicher gestalten kannst. Auch wird dir bewusster werden, dass ihr beide von den sich bietenden Situationen profitieren könnt. Danach wirst du anfangen, gezielt bestimmte Situationen aufzusuchen, um das Lernen deines Pferdes zu fördern.

Es geht demnach nicht darum, sich einer neuen Arbeitsweise mit dem Pferd zu widmen, sondern darum, dass der Mensch Situationen und Lernmöglichkeiten für sein Pferd erkennt, ihm vielfältige Erfahrungen bieten kann und auch mit ihm gemeinsam Fortschritte macht, um eine stärkere Bindung aufzubauen.

Wie kannst du verschiedene Gegebenheiten als Lernsituationen für dich und dein Pferd nutzen?

Langeweile im Training sollte vermieden und die Möglichkeiten, die einem das Leben bietet, kreativ genutzt werden.

Alle Übungen können in den Alltag integriert werden.

Wie kann vermeintlich »schlechtes Wetter« eine gute Gelegenheit sein? Wie kann »schlechter Boden« zum Lernen beitragen?

Die Übungen sollen all diese Fragen beantworten. Sie sind ein Einstieg, um die Situationen zu analysieren und möglichst vielfältige Erfahrungen für sich und sein Pferd daraus zu sammeln.

Die Übungen, die du in diesem Buch kennenlernst, benötigen keine lange Trainingszeit. Es gilt, immer wieder verschiedene Reize mit einzubauen, um das Pferd stets mit neuen Situationen vertraut zu machen und ihm auf diese Weise zu zeigen, dass es diese selbst bewältigen kann. Sobald das Pferd eine Übung gut und möglichst entspannt ausgeführt hat, kannst du wieder zu deinem eigentlichen Programm übergehen.

Alle die hier aufgezeigten Übungen können in unterschiedlichen Varianten durchgeführt werden.

Es bietet sich an, dass sie zunächst selbstständig von deinem Pferd entdeckt werden können. Ein vielseitig gestalteter Lebensraum ermöglicht es dem Pferd, sein Wissen und sein Können auch in seiner »Freizeit« auszubauen. Damit sollte wenn möglich auch immer begonnen werden, denn hier können die Pferde am ehesten ihrem eigenen Rhythmus und ihrer eigenen Herangehensweise folgen.

Darauf aufbauend kann das Führen eingesetzt werden. Die Übungen können also mit dem Menschen gemeinsam absolviert werden.

Wenn dies gut klappt, dann kannst du dein Pferd auch durch eine Übung hindurchschicken.

Der Unterschied zwischen Führen und Schicken liegt in der Position des Menschen zum Pferd.

Beim Führen machen beide gemeinsam die Übung. Beim Schicken hingegen soll das Pferd sie – vom Menschen angeleitet – alleine bzw. vor dem Menschen absolvieren. Da das Schicken bereits ein größeres Selbstvertrauen und auch eine bessere Einschätzung seiner eigenen Kompetenzen verlangt, sollte zunächst das Führen geübt werden und später erst das Schicken.

Zu guter Letzt folgt das Reiten selbst. Auch wenn es bei vielen Pferdemenschen im Mittelpunkt steht, sollte es in der Abfolge dieser Übungen an letzter Stelle stehen.

Die Übungen kannst du selbstverständlich immer flexibel und individuell gestalten. Das Pferd muss nicht in derselben Einheit sowohl frei entdecken als auch geführt, geschickt und geritten werden. Das freie Entdecken bietet sich an, wenn die Situation im Lebensumfeld des Pferdes auftritt. Das Führen und Schicken kann oft gut kombiniert werden, wenn die Situation es zulässt. Reiten solltest du eine Übung immer erst dann, wenn die vorherigen Stufen souverän gemeistert wurden und das Pferd sich wohl und sicher fühlt. Es gibt immer wieder Ausnahmesituationen, in denen wir keine Wahl haben, jedoch soll zu Übungszwecken bewusst zuerst dem Pferd am Boden das nötige Vertrauen vermittelt werden.

Eine solche Landschaft lädt zum Entdecken ein.

Interessanterweise wird es dann von Übung zu Übung immer einfacher. Das Pferd denkt immer mehr mit und lernt schneller, mit neuen Situationen umzugehen. Das ist dann auch genau der Effekt, den wir uns wünschen. Demnach kommt es nicht darauf an, welche kreativen Ideen wir haben, sondern wie wir im Alltag mit den sich bietenden Gelegenheiten umgehen. Wichtig ist, dass wir uns darüber im Klaren sind und darauf achten, dass auch das Pferd bewusst mit einer Situation umzugehen lernt.

Das Shetty trägt hier ein knotenloses Halfter. Es gibt viele verschiedene Varianten. Entscheide dich bewusst für eins, das zu deinem Pferd und zu dir passt.

Ausrüstung

Bevor es losgeht, solltest Du die Reaktionen deines Pferdes gut einschätzen können. Du kennst dein Pferd und weißt, ob es eher überlegt, stoisch, panisch oder respektlos reagiert. Pass die Übungen dementsprechend an. Die Sicherheit von Pferd und Mensch steht bei allen Übungen an erster Stelle! Natürlich muss der Gesundheitszustand von Pferd und Mensch ebenfalls berücksichtigt werden und keine Übungen ausgeführt werden, die euch schaden könnten. Die Hilfe eines erfahrenen Pferdemenschen oder eines Trainers wird auf jeden Fall wärmstens empfohlen. Gut passendes und den Sicherheitsstandards entsprechendes Equipment ist für Pferd und Mensch Pflicht.

Bei Führübungen wird ein passendes Halfter/Knotenhalfter oder Ähnliches vorausgesetzt. Gebisse oder gebisslose Zäumungen eignen sich hier weniger wegen der Führposition am Boden und den eventuell unerwarteten Reaktionen des Pferdes.

Ein Kappzaum kann auch je nach Pferd sinnvoll sein. Allgemein sollte das Pferd sich bereits gut führen lassen und auch ruhig stehen können. Pferd und Mensch sollen die Grundlagen der Bodenarbeit beherrschen, hierzu gehören:

- das Führen, ohne am Strick zu ziehen
- das Stehen, wenn der Mensch stehen bleibt
- das Einhalten eines respektvollen Abstands zum Menschen
- das Anpassen des Tempos
- das Schicken-Lassen auf eine Volte
- das Abwenden
- das Rückwärtsrichten

Ein langer Führstrick (länger als 2 m) ist sinnvoll, Longen sind zu lang und erhöhen die Verletzungsgefahr von Mensch und Pferd. Eine Gerte oder Stick können eingesetzt werden, um dem Pferd auf größere Distanz klare Signale zu geben.

Was Pferde lernen und erfahren, kann sehr vielfältig sein. Alle Alltagserfahrungen sind für das Pferd wertvoll, es müssen keine solch außergewöhnlichen Begegnungen sein.

Beim Reiten der Übungen sollte mit einer gut passenden Zäumung (mit oder ohne Gebiss) und einem Sattel begonnen werden. Natürlich gehören ein Reithelm und passendes Schuhwerk dazu!

Ablauf

Wie bereits erwähnt, werden alle hier aufgeführten Übungen in 4 Bereiche unterteilt, welche aufeinander aufbauen:

- Freies Entdecken
- Führen
- Schicken
- Reiten

Wenn der Gesundheitszustand des Pferdes es zulässt, sind diese Übungen auch für alle Größen, Disziplinen und Alterskategorien möglich. Sie bereichern die Sinneserfahrungen und die kognitive und motorische Entwicklung von jedem Pferd.

Alle Übungen fördern die Entwicklung der Bindung zwischen Mensch und Pferd, aber auch anderer Kompetenzen, wie Eigeninitiative, Selbstvertrauen und Eigenverantwortung.

Eigeninitiative bedeutet hier, dass die erste Aktion vom Pferd aus geht, dies bedeutet: Es beriecht, betrachtet oder geht näher an einen wahrgenommenen Reiz heran. Das Pferd will sich von sich aus, demnach intrinsisch motiviert, mit dem Reiz auseinandersetzen.

Selbstvertrauen ist das Vertrauen in seine eigenen Fähigkeiten und Kompetenzen. Das Pferd weiß, was es kann, kann seine Kompetenzen einschätzen und so auch fremden Situationen oder Reizen souveräner gegenübertreten.

Eigenverantwortung bedeutet für ein Pferd, dass es seine Handlungen und die daraus folgenden Konsequenzen selbst einschätzen muss. Dies führt dazu, dass es Verletzungen vorbeugen kann, fressen geht, wenn es hungrig ist oder trinkt, wenn es Durst hat. Es heißt aber auch, dass das Pferd aufpasst, wo und wie es seine Hufe auf schwierigem Terrain aufsetzt, dass es nicht kopflos gegen eine Wand rennt oder auch, dass es sich mit der Reiterin auf dem Rücken auszubalancieren lernt. Alle diese Fähigkeiten erlauben es dem Pferd, sich sicher und souverän in der Welt fortzubewegen, dies sowohl eigenständig als auch mit dem Pferdemenschen oder der Reiterin gemeinsam. Wie diese Fähigkeiten mit den hier aufgezeigten Übungen gefördert werden, liest du auf den nächsten Seiten.

Wenn du mit deinem Pferd schon einige Grundlagen beherrschst und du nur einiges auffrischen willst, dann kannst du auch in jedem Kapitel nur die Übungen zu einem Bereich durchgehen. Möchtest du dich zum Beispiel auf das Führen konzentrieren, dann kannst du in jedem Kapitel diesen Abschnitt lesen. Ist das Wetter gerade schlecht und du suchst nach Inspiration, dann kannst du auch gezielt dieses Kapitel aufschlagen und dem Aufbau folgen. Diese Vielseitigkeit ermöglicht dir immer, Ideen und Inspiration zu finden, um in deinem eigenen Umfeld die passenden Lernerfahrungen zu machen.

Pferde lernen von klein auf

Lernen passiert auf neuronaler Ebene aufgrund von Plastizität der Gehirnstrukturen. Das bedeutet, dass die Effektivität der Reizweiterleitung im Gehirn formbar ist. Neuronale Bahnen können sich verstärken oder abschwächen – je nachdem, wie oft sie genutzt werden. Besonders im jungen Alter ist die neuronale Plastizität besonders hoch. Das Spielen von **Fohlen** trägt insbesondere dazu bei, neuronale Bahnen anzulegen und zu stärken. So gibt es ein Laufspiel, ein Kampfspiel, ein Paarungsspiel, aber auch positive soziale Interaktionen wie das gegenseitige Fellkraulen. Diese Verhaltensweisen werden beim Spiel eingeübt und gefestigt. Aus diesem Grund ist es besonders wichtig, dass Jungtiere mit gleichaltrigen Artgenossen aufwachsen, um dieses Spielverhalten als wichtigen Teil für das spätere Normalverhalten zu erlernen und zu stabilisieren.
Das Gehirn mit seinen neuronalen Bahnungen ist auf Lebenszeit plastisch.

Die Welt entdecken ist etwas, was bereits die Kleinsten tun.

Freies Entdecken

Pferde sind neugierige Wesen und haben eine intrinsische Motivation, die aktuelle Situation möglichst geschickt zu meistern. Da sie Fluchttiere sind, sind sie darauf angewiesen, sich schnell an die Umgebung anzupassen und möglichst im Vorfeld einer Flucht bereits zu wissen, wie und wohin sie laufen können. Demnach ist die natürlichste Form des Lernens das freie Entdecken oder auch das Nachahmen von Verhalten, welches von erfahreneren Tieren gezeigt wird.

Falls es also möglich ist, ist es sinnvoll, Pferden möglichst viele Situationen in ihrem Lebensumfeld zu präsentieren, in denen sie ohne Stress und Druck lernen, damit umzugehen. So können sie ganz natürlich ihre eigenen Fähigkeiten weiterentwickeln. Wie das konkret aussehen kann, wird dir in den einzelnen Kapiteln erklärt. Das freie Entdecken ist die natürlichste Form, neue Erfahrungen zu sammeln, und wird vom frei lebenden Pferd vom Fohlen bis ins hohe Alter durch die Freiheit, das Leben in der Natur, das Wandern der Herden und die sozialen Beziehungen innerhalb der Herde gewährleistet.

Das freie Entdecken fördert während der Entwicklung des Pferdes seine Eigeninitiative. Es erlebt sich selbst als kompetent und versucht, selbst weitere Entdeckungen zu machen und andere Reize kennenzulernen. Erfolgreiche Erfahrungen fördern natürlich auch das Selbstvertrauen des Pferdes.

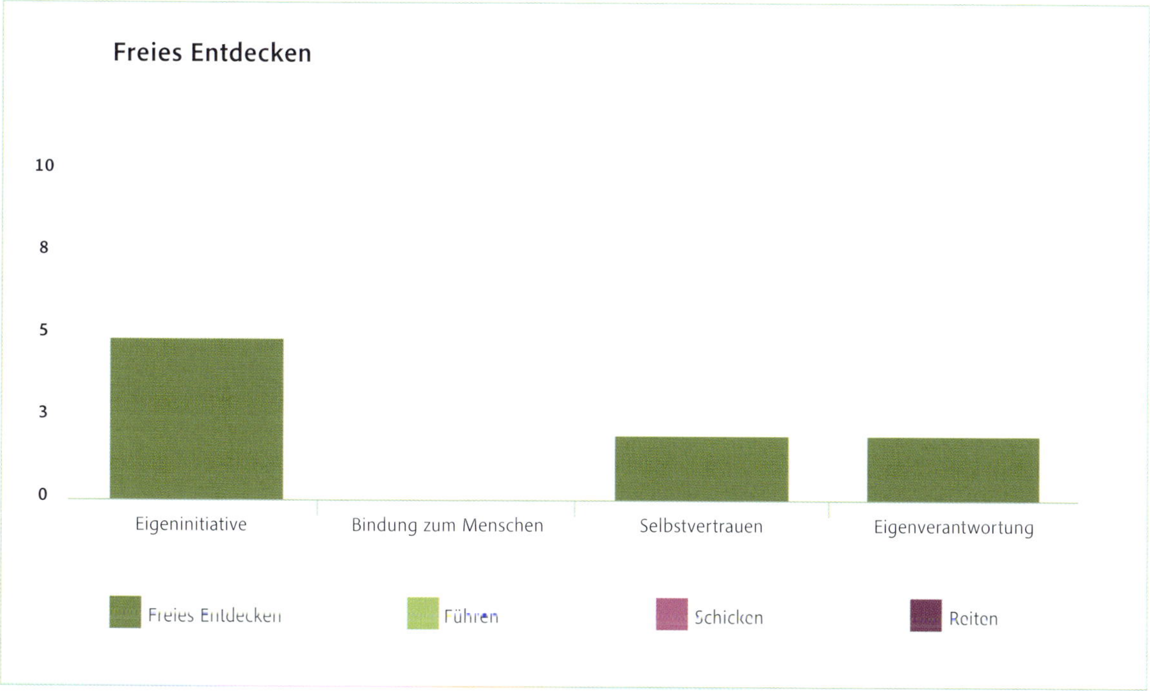

Freies Entdecken fördert die Eigeninitiative von Pferden, ihr Selbstvertrauen und ihre Eigenverantwortung.

Führen

Bevor der Pferdemensch Übungen mit seinem Pferd geführt absolviert, sollten gewisse Grundlagen von beiden beherrscht werden: Anhalten, Losgehen, Wendungen, Führen von beiden Seiten, Rückwärts-Schicken, Verlangsamen und Beschleunigen. Diese Grundfähigkeiten sollten zunächst gut beherrscht werden, bevor andere Ansprüche hinzukommen. Das ist nicht so selbstverständlich, wie es auf den ersten Blick erscheint. Viele Menschen trauen sich nicht, Zeit in diese Arbeit zu investieren, vielleicht aus Scham, nicht »gut genug« zum Reiten zu sein, wenn Bodenarbeit gemacht wird, vielleicht auch aus anderen Gründen. Das Führen ist ein elementarer Bestandteil des täglichen Umgangs mit unseren Pferden und sollte dementsprechend sicher beherrscht werden.

Grundsätzlich gilt, dass die Übungen erstmal geführt absolviert werden sollen. So kann das Pferd auf der einen Seite einschätzen, was passiert, auf der anderen Seite kann es auch seinen Menschen nachahmen. Nachahmung ist eine Lernform, die bei allen Säugetieren auftritt, so auch bei Menschen und Pferden.

Beim Führen sollte der Mensch darauf achten, nicht direkt vor oder hinter das Pferd zu geraten, um nicht angerempelt, umgestoßen oder getreten zu werden. Es kann dem Pferd durchaus helfen, dass der Mensch die Übung ebenso auf dem Boden absolviert. Durch Beobachtung kann das Pferd hier die Lage abschätzen und das Verhalten des Menschen nachahmen.

Nachahmungslernen

Das Nachahmungslernen ist eine Form der Operanten Konditionierung. Für die Entwicklung eines Pferdes ist es sehr wichtig, dass es von Artgenossen und auch ganz früh schon von der Mutterstute Teile des Verhaltens nachahmt. Durch Beobachtung der Mutter versucht das Fohlen, deren Verhaltensweisen zu imitieren und damit auch zum Erfolg zu kommen. Dies kann in den Bereichen Futterselektion, der sozialen Interaktionen und auch im Umgang mit dem Menschen sein. Diese Form von sozialem Lernen wurde auch schon bei Mensch und Pferd gezeigt (Schütz et al 2017). Wir können uns diese Lernform in der Praxis zu Nutze machen, indem wir bei unbekannten Gegenständen, vor denen das Pferd sich vielleicht zunächst fürchtet, vorweggehen und diese als erste begutachten, sodass das Pferd aus unserem Verhalten Rückschlüsse ziehen und selbst sicherer werden kann.

Nachahmungslernen spielt ganz besonders im Fohlenalter eine wichtige Rolle.

Seite an Seite lassen sich gemeinsame Eindrücke sammeln. Die Umgebung und unterschiedliche Bodenverhältnisse zu meistern, stärkt die Beziehung.

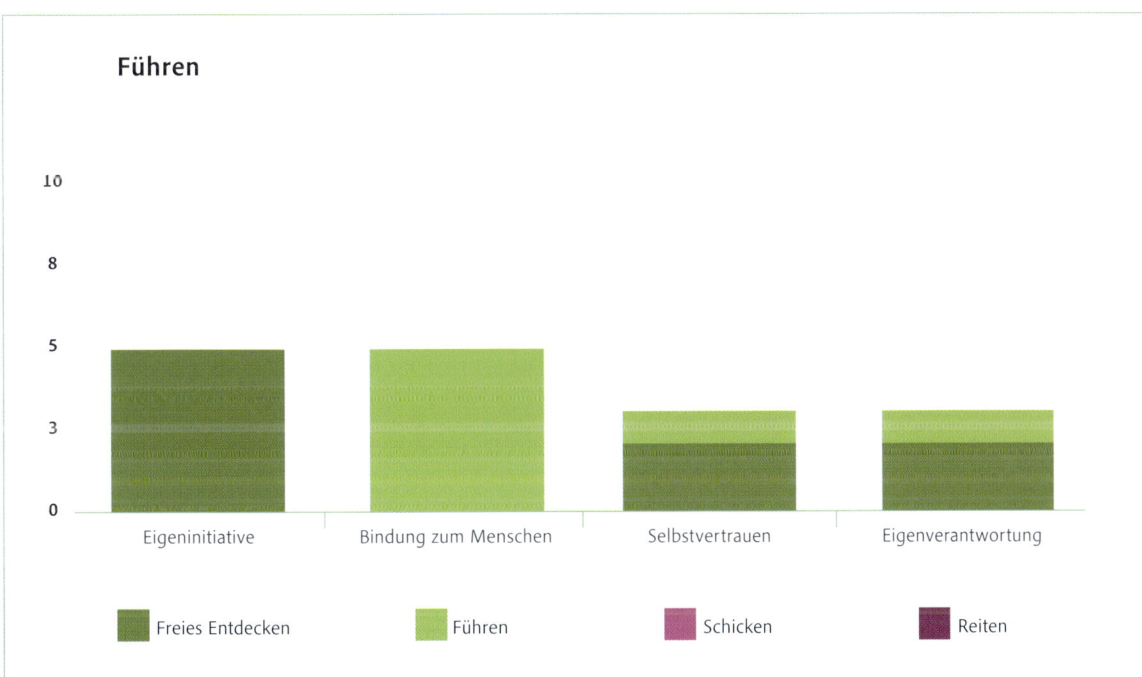

Das Führen baut hauptsächlich die Bindung zum Menschen auf, erlaubt dem Pferd aber auch den Aufbau von Selbstvertrauen und Eigenverantwortung.

Nachdem man selbst vorgegangen ist, sollte man sich etwas seitlich hinstellen, um das Pferd aufzufordern, die Übung auszuführen, ihm aber auch gleichzeitig den Weg freimachen. Ein langer Strick kann hier hilfreich sein. Die Übungen sollten sowohl von links als auch von rechts durchgeführt werden, damit das Pferd sie ganzheitlich kennenlernt. Wie wir Pferdemenschen wissen, kann etwas auf der einen Hand sehr gut gelingen, auf der anderen jedoch noch extrem anspruchsvoll sein. Deshalb sollten die Übungen immer beidseitig durchgeführt werden.

In manchen Situationen wie beispielsweise bei Engpässen oder Kletterpartien kann das Führen direkt vor oder hinter dem Pferd angemessen sein. Man sollte aber in solchen Situationen einschätzen können, wie das Pferd reagiert. Du wirst schnell selbst bemerken, wie gut die gemeinsamen Erlebnisse, die ihr beim Führen sammelt, für eure Beziehung sind. Gemeinsam etwas geschafft zu haben, schweißt zusammen. Beim Führen kommt hinzu, dass dem Menschen die Leistung des Pferdes viel bewusster wird, da er selbst die Übungen auch absolvieren muss. Er stapft selbst durch den Schnee, läuft durch die Pfütze, klettert den Berg hoch oder bewegt sich durch das unebene Gelände.

Für Mensch- und Pferd-Paare, die Schwierigkeiten im Bereich der Bindung haben, eignen sich diese Übungen besonders gut.

Schicken

Wenn das Führen ohne Probleme, Stress oder Unsicherheiten von Pferd und Mensch funktioniert, ist die nächste Etappe das Schicken. Hierbei geht nicht mehr der Mensch zuerst durch eine Übung, sondern das Pferd sollte vorweggehen.

Du kannst dein Pferd auf einer Volte longieren und es dann durch die Übung am langen Strick schicken. Du behältst die gleiche Position bei, als wenn du longieren würdest. Dies verlangt schon einiges mehr vom Pferd. Es muss selbst überlegen und abschätzen und kann sich nicht mehr nur am Menschen orientieren. Es bedarf auch mehr Mut und Vertrauen in seine eigenen Fähigkeiten, um selbst als Erstes die Übung zu überwinden. Bei Pferden, die das Fahren vom Boden kennen, eignet sich dies auch teilweise als Übungsform. Jedoch ist zu beachten, dass du hier möglichst sicher sein solltest, dass dein Pferd nicht davonstürmt oder ausschlägt, da du sonst in Bedrängnis kommen könntest. Mit etwas Übung bietet das Fahren vom Boden jedoch eine schöne Abwechslung und neue Eindrücke, egal ob junges oder altes Pferd, kleines Pony oder Pferd in der Rekonvaleszenz. Wichtig ist auch hier, die Übungen immer von beiden Seiten zu machen, sodass die Pferde sie für beide Körperhälften gleichermaßen ausführen.

Ein wichtiger Punkt bei der gesamten Ausbildung betrifft den Transfer des Gelernten. Der Transfer von einer bekannten Situation zu einer neuen Situation bezieht sich auf die Fähigkeit, in einem bestimmten Kontext erworbenes Wissen oder erlernte Fähigkeiten auf eine andere, bisher unbekannte Situation anzuwenden. Dies bedeutet, dass eine Person oder ein Lebewesen in der Lage ist, das Gelernte oder Erfahrene aus einer vertrauten Umgebung oder Situation auf eine völlig neue und möglicherweise andere Situation anzuwenden. Das bezeichnet man auch als

Fahren ist die höchste Kunst des Schickens.

»Generalisieren«. Dieser Transfer von Wissen oder Fähigkeiten ist ein wichtiger Aspekt des Lernens und der kognitiven Flexibilität.

Generalisieren

Generalisieren ist eine Form des assoziativen Lernens. Das Pferd erkennt bestimmte Aspekte, Muster oder Anforderungen einer Situation wieder und überträgt diese auf eine neue Situation. Diesen Transfer können wir hervorragend für das Lernen nutzen. Das Gelernte wird stabiler, wenn es sich auf andere ähnliche Situationen anwenden lässt. Die Bewältigbarkeit von neuen, teilweise auch herausfordernden Situationen steigert und fördert so immer mehr die Selbstwirksamkeit.

Schicken und Fahren bilden stark das Vertrauen des Pferdes in seine eigenen Fähigkeiten aus. Hier muss das Pferd vorweggehen, selbst die erste Erfahrung machen, selbst einschätzen, wie es sich verhalten soll, wie es seine Hufe aufsetzen soll, wie es sich ausbalancieren kann oder was seine eigenen Handlungen bedeuten. Für sehr unsichere Pferde sind solche Übungen eine Herausforderung, fördern aber gleichzeitig ihr Selbstbewusstsein. Bei diesen Pferden ist der Aufbau sehr wichtig, sie zunächst durch die Übung zu führen und sie erst im nächsten Schritt zu schicken.

Der Transfer von einer bekannten Situation zu einer neuen spielt hier auch eine Rolle. Hat das Pferd zum Beispiel gelernt, die Brücke auf dem Hof sicher zu überqueren, sowohl beim Führen, als auch beim Schicken, kann versucht werden, ob es bei einer anderen Brücke auch direkt beim Schicken funktioniert. Hier muss der Pferdemensch genau beobachten, wie es dem Pferd geht, um eine Überforderung zu vermeiden. Sieht man direkt eine große Unsicherheit beim Pferd aufkommen, so ist es ratsam, bei dieser neuen Brücke wieder mit dem Führen zu beginnen.

Erkennt man jedoch die Skepsis und trotzdem auch die Neugierde beim Pferd, befindet sich die Übung folglich in der Zone der nächsten Entwicklung dieses Pferdes. In dieser Situation, kann mit genug Zeit versucht werden, das Pferd gleich zu schicken. Sich ausreichend Zeit zu lassen, ist hier sehr wichtig. Das Pferd ist am Nachdenken und Einschätzen und es muss die Chance bekommen, dies auch tun zu können.

Kann dann der Transfer von einer bekannten Situation auf eine neue Situation sofort durch Schicken erreicht werden, bedeutet dies einen enormen Erfolg für das Pferd-Mensch-Paar und einen Boost für das Selbstvertrauen des Pferdes.

Zone der nächsten Entwicklung

Training ist dadurch charakterisiert, dass Grenzen für einen kurzen Moment überschritten werden, um die körperliche, aber auch die mentale Leistungsfähigkeit anzupassen. Ein Sportler geht gezielt in einen Belastungs- und sogar Überlastungsbereich, um seine körperliche Komfortzone und damit seine

Das Schicken baut auf den Kompetenzen vom freien Entdecken und vom Führen auf.

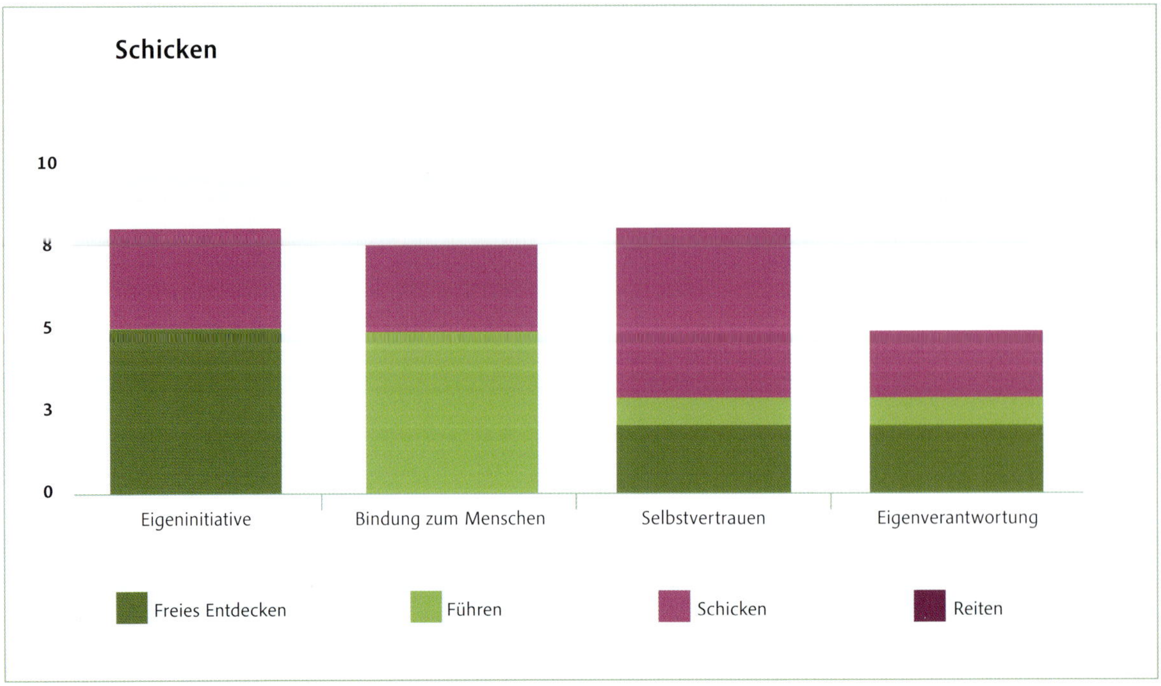

Leistungsfähigkeit zu verbessern. Bei den psychologischen Grenzen und der mentalen Leistungsfähigkeit ist es ähnlich. Bleibt man in seinen Grenzen des Komforts kann es sogar sein, dass die Komfortzone sich immer weiter verkleinert. Die Angst-Psychologie weiß, dass Ängste sich ausbreiten und sich nicht von alleine auflösen. Das Pferd also mit Bedacht in Situationen bringen, die zunächst Skepsis auslösen, sich aber in wenigen Momenten als bewältigbar darstellen. Diese fördern die Resilienz des Pferdes = Widerstandsfähigkeit; ein resilienter Organismus kann Krisen und Belastungen positiv bewältigen und geht gestärkt daraus hervor. Die Komfortzone und damit das Wohlbefinden des Pferdes werden erweitert. Pferde generalisieren (= übertragen) diese Bewältigbarkeit in ähnliche Situationen, die ihnen begegnen, und das Prinzip der Selbstwirksamkeit wird weiter gefördert (siehe Selbstwirksamkeit S.140).

Reiten

Wenn das Schicken ebenfalls von beiden Seiten entspannt funktioniert, kann die Übung auch geritten werden. Falls beim Ausritt einmal eine unvorhergesehene Situation auftritt, hilft es, wenn das Pferd ein Halfter über der Trense trägt, damit die Reiterin absteigen, die Zügel losmachen (Sicherheit, um Hängenbleiben zu vermeiden) und das Pferd führen kann. Für viele Reiterinnen ist es eine Frage der Ehre oder auch der Bequemlichkeit, ein Pferd durch jede Situation zu reiten. Dies kann jedoch sehr schnell in eine Stresssituation führen, in der das Pferd nichts Positives dazulernt, das Vertrauen verliert und nicht die Chance bekommt, eigenständig nachzudenken. Resultat ist ein Vertrauensbruch zwischen Pferd und Reiter, Stress und Frustration.

Der Traum von gemeinsamen Erlebnissen im Sattel kann Schritt für Schritt erreicht werden.

Dann doch lieber absteigen und die Gelegenheit für eine Lernerfahrung nutzen, bei der später Pferd und Reiterin um eine Erfahrung reicher sind und nächstes Mal eine ähnliche Situation vielleicht souveräner oder sogar vom Sattel aus lösen können.

Beim Reiten wie beim Führen des Pferdes gilt dasselbe Prinzip: Wenn eine bekannte Situation, wie zum Beispiel das Überqueren einer Brücke auf dem eigenen Hof, geritten gut gemeistert wird, kann das Pferd möglicherweise auch direkt eine fremde Brücke anreiten, selbst wenn es dabei aktiv mit der neuen Situation umgehen muss. Allerdings ist hierbei zu beachten, dass dies nur dann empfehlenswert ist, wenn die Situation an der neuen Brücke sich im Bereich der Zone der nächsten Entwicklung des Pferdes befindet. Dies bedeutet, dass die Herausforderung an der neuen Brücke nicht zu weit von dem entfernt sein sollte, was das Pferd bereits gemeistert hat, um sicherzustellen, dass das Pferd in der Lage ist, die neue Situation erfolgreich zu bewältigen.

Weitere Infos zu diesen Konzepten befinden sich im folgenden Theorieteil des Buches.

Reiten als letzter Schritt aufbauend auf den bereits vorhandenen Kompetenzen, die sich aus dem freien Entdecken, Führen und Schicken ergeben haben.

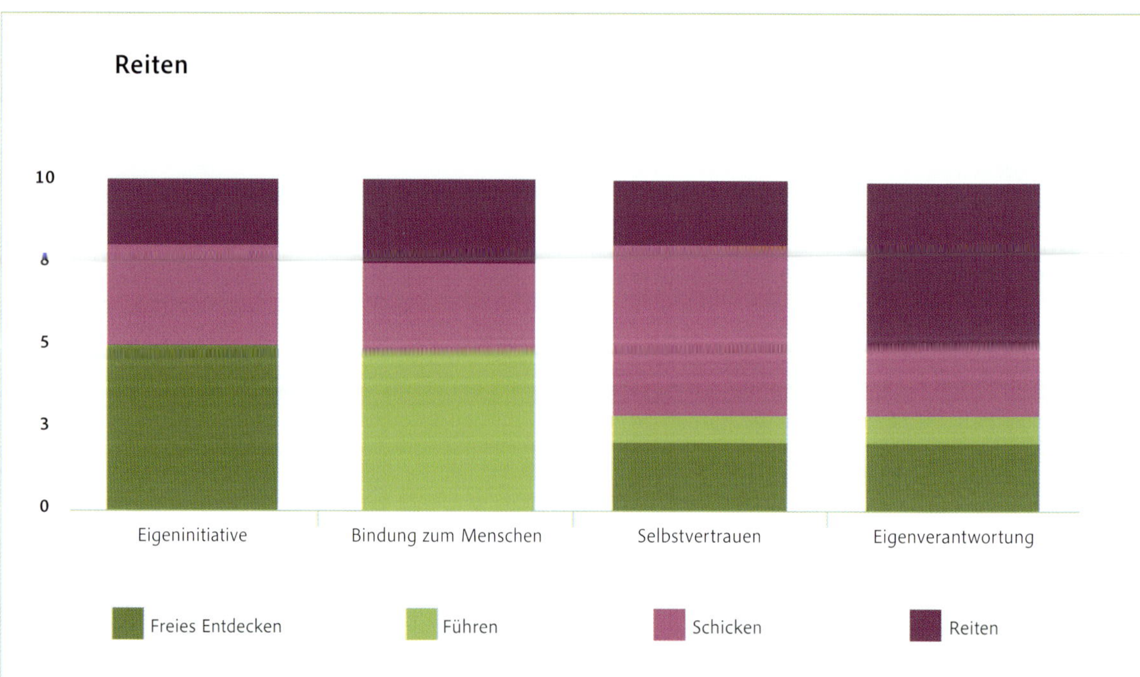

Theorie

Je häufiger unser Pferd eine Herausforderung gemeinsam mit uns meistern kann, desto stabiler wird das Lernverhalten und das Bewältigungsmuster für weitere unbekannte Situationen. Erhalten wir dabei Neugier und Eigenverantwortung des Pferdes, fördern wir aktiv die mentale Gesundheit.

Intelligenz

Intelligenz ist auch in der Pferdewelt ein häufig genutzter Begriff. Was ist damit eigentlich gemeint und was für Formen der Intelligenz kennt die Wissenschaft?

»Intelligenz wird meist definiert als allgemeine Fähigkeit zum Denken oder Problemlösen in Situationen, die für das Individuum neuartig, d. h. nicht durch Lernerfahrungen vertraut sind, sodass keine automatisierten Handlungsroutinen zur Problemlösung eingesetzt werden können.« (Perleth, 2008, S. 15)

Wir wünschen uns von unseren Pferden, dass sie bei möglichst jedem Training dazulernen und sich weiterentwickeln. Dafür nutzen sie ihre Intelligenz und kognitiven Fähigkeiten. Je weiter ausgebildet diese sind, desto einfacher fällt es dem Pferd zu lernen. Mit den in diesem Buch erwähnten Übungen ist das Trainieren eben dieser kognitiven Fähigkeiten möglich.

»Je häufiger ein Muskel benutzt wird, desto stärker wird er. Wenn er nicht benutzt wird, wird er schwach. Dasselbe gilt für die Synapsen im Zentralnervensystem: Je häufiger man sie benutzt, desto stärker und effizienter werden sie. Eine Synapse wird durch häufige Aktivierung durchlässiger; bleibt sie ungenutzt, lässt sie sich schwerer aktivieren. Jedes Mal, wenn ein Signal eine Synapse überquert, verändern sich die Neuronen und Synapsen derart, dass es für ähnliche Botschaften zukünftig leichter wird, diese Synapsen zu überqueren. Mit jeder Wiederholung eines sensorischen oder motorischen Prozesses ist also weniger Energie erforderlich, diesen auszuführen.« (Ayres, 2016, S. 57)

Wenn ein Pferd weniger Energie benötigt, um eine Bewegung auszuführen, kann es sich stärker auf andere Elemente konzentrieren, zum Beispiel auf die Landefläche hinter dem Sprung, auf den Ausdruck seiner Bewegungen, auf die Hilfen der Reiterin usw.

Synapsen werden stark durch Sinneserfahrungen aktiviert, hier sprechen wir von sensorischer Integration.

Sensorische Verarbeitung

»Sensorische Integration ist die Verarbeitung von Sinnesinformationen, damit wir sie nutzen können.« (Ayres, 2016, S.6)
Pferde sind wie wir Menschen über ihre Sinne mit der Welt verbunden. Viele Lernprozesse werden durch Sinnesreize ausgelöst oder angestoßen. Wie diese verarbeitet werden, kann zum Erfolg einer Trainingseinheit beitragen. Sie bilden die Grundlage für die Handlungs- und Bewegungsplanung der Pferde.

»Unter Bewegungsplanung verstehen wir den sensorischen Prozess, uns an eine unbekannte Aufgabe anzupassen und zu lernen, diese Aufgabe automatisch auszuführen.« (Ayres, 2016, S. 80)

Sensorische Verarbeitung läuft dabei unbewusst ab, das heißt wir oder das Pferd können sie nicht bewusst wahrnehmen, sondern sie findet ständig

Von sensorischer Integration zur Intelligenz.

im Hintergrund statt. Es werden alle Sinneseindrücke, welche von außen auf den Menschen oder das Tier wirken, verarbeitet. Durch diese ständige Verarbeitung kann eine angepasste Reaktion auf verschiedene Eindrücke gelernt werden, was wiederum dabei helfen kann, diese Sinne weiter unbewusst wahrzunehmen. Das Pferd kann sich auf den eigentlichen Lernprozess konzentrieren. Zum Beispiel benötigt ein junges Pferd mehr Zeit, um sich mit seiner Umgebung auseinanderzusetzen. Es hat noch nicht so viele angepasste Reaktionen gelernt und muss sich deshalb noch aktiv damit auseinandersetzen. Sobald es weiß, dass der Blumenkübel am Eingang ungefährlich ist, wird es diesen auch irgendwann nicht mehr bewusst wahrnehmen. Erst neue Eindrücke würden diese Reizschwelle wieder überschreiten – so zum Beispiel die neue Bepflanzung im Frühling. Doch auch hier weiß das erfahrenere Pferd, wie es damit umzugehen hat. Es würde die Blumen zwar bewusst wahrnehmen, aus Erfahrung aber wissen, dass sie keine Gefahr darstellen und nach einer kurzen Überprüfung anschließend daran vorbeigehen.

»Eine anpassende Reaktion ist eine beabsichtigte, zielgerichtete Reaktion auf eine sensorische Erfahrung. (...) Mit einer anpassenden Reaktion bewältigen wir eine Herausforderung und lernen etwas Neues. Zugleich trägt das Produzieren der anpassenden Reaktion dazu bei, dass sich das Gehirn entwickelt und organisiert.« (Ayres, 2016, S. 9)

Findet nur wenig sensorische Verarbeitung statt, wird das Pferd (oder auch der Mensch) immer wieder auf diese Sinneseindrücke konzentriert sein und sich nicht anderen, komplexeren Aufgaben widmen können. Dies ist ein natürlicher Vorgang. So wird ein erwachsenes Pferd, das nicht viele Sinneseindrücke integrieren konnte, vielleicht stark auf den Blumenkübel reagieren. Seine gesamte Aufmerksamkeit wird auf diesen gerichtet sein und es wird ihm nicht möglich sein, andere Eindrücke noch einzuordnen.

Zum einen, um die Umwelt kennenzulernen, zum anderen auch, um Ursache-Wirkungs-Prozesse zu erfassen, ist die Integration von sensorischen Erfahrungen unabdingbar. Ein Pferd lernt, was seine Reaktion in dieser spezifischen Situation bewirken kann. Es lernt ebenso, wie es mit seiner Umwelt interagieren kann und wo seine eigene Wirksamkeit ist. Sensorische Integration stellt somit die Grundlage für alle anderen Lernprozesse dar. Das Pferd kann seine Aufmerksamkeit auf die Sinne und Informationen richten, welche es für komplexere Aufgaben benötigt, so werden seine Handlungen zielgerichtet und seine Bewegungen kontrolliert, geschmeidig und ausdrucksstark.

Junge Pferde setzen sich ganz selbstverständlich spielerisch mit ihrer Umwelt und ihrem Körper auseinander. Dies ist der natürliche Weg, um sensorische Verarbeitung zu fördern,

Licht, Geruch, Geräusche, Gefühl, ... eine solche Kulisse bietet viele sensorische Informationen für ein Pferd.

diese entwickelt sich aus einem inneren Antrieb heraus. Jedoch muss dem Pferd dafür auch eine reiche und vielfältige Umwelt zur Verfügung stehen. Ansonsten wird es schnell seine Entdeckungsmöglichkeiten ausgeschöpft haben und damit auch die möglichen Lernprozesse. Die Verarbeitung der Sinnesinformationen führt somit zu einer Ausgeglichenheit, da sich das Pferd sicher in seinem Umfeld bewegen kann. Dazu kommt, dass es so die besten Möglichkeiten hat, sein vollstes körperliches Potential zu entwickeln, was für Dressurübungen oder schwere Sprünge notwendig ist.

Integration von sensorischen Erfahrungen ist demnach die Grundlage für kognitive Lernprozesse, aber auch für angepasstes Verhalten und das Entfalten der Motorik. Dies geschieht unter anderem durch den propriozeptiven Sinn.

Propriozeption oder sich seines Körpers im Raum bewusst sein

Propriozeption ist ein Begriff, der aus dem Bereich der Motorik und der Rehabilitation beziehungsweise der Therapie stammt.

»Bei der Propriozeption handelt es sich um einen Teilaspekt im Bereich der Koordination. Sie umfasst die Gleichgewichtsfähigkeit sowie die

Ein erfülltes Leben entsteht auch durch die sensorische Integration.

Wo befindet sich mein Körper? Wie stehen meine Beine im Verhältnis zum Untergrund? Wie nahe ist meine Hinterhand am nächsten Pferd oder Baum?

Anpassungs- und Reaktionsfähigkeit. Auch als Tiefensensibilität bezeichnet, dient die Propriozeption der Orientierung des Körpers im Raum.« (Häfelinger & Schuba, 2013, S. 23)

Bei dieser Definition wird deutlich, wie das Training der Propriozeption dem Pferd bei seinen Aufgaben als Reit- oder Fahrpferd helfen kann. Hierbei geht es jedoch nicht nur um den rein motorischen Aspekt, das heißt nicht nur um Bewegungsabläufe, sondern hauptsächlich auch darum, wie das Gehirn diese Abläufe begreift und verinnerlicht, um sie später in den verschiedensten Situationen abrufen zu können.

Der Transfer oder die Übertragung von Kompetenzen von einem Bereich in den anderen ermöglichen es dem Pferd oder auch dem Menschen, das Gelernte – zum Beispiel beim Führen auf unebenem Untergrund – auch auf andere Bereiche zu übertragen.
Dies kann sich positiv auf neue, herausfordernde Situationen auswirken, aber genauso auch auf das Erlernen von motorischen Herausforderungen bei neuen Lektionen, zum Beispiel beim Erarbeiten einer Piaffe. Diese Form des Transfers bewirkt auf psychologischer Ebene, dass das Pferd lernt, seine Kompetenzen selbst einzuschätzen und dann reflektierter zu handeln. Bei der Propriozeption wird es sich seines Körpers bewusster, kann ihn somit auch präziser steuern und gewinnt dabei Sicherheit in den unterschiedlichsten Situationen.

Brillieren durch eine gute Propriozeption.

Herdenverband und seine Strukturen, ihre feine Sinneswahrnehmung und ihr spezialisierter Körper geben ihnen die Möglichkeit, bestangepasst an ihre Umwelt zu überleben. Holen wir Pferde in unsere menschliche Welt, liegt es in unserer Verantwortung, ihnen das Gefühl von Sicherheit zu vermitteln. Wenn wir dies schaffen, vertrauen Pferde nicht nur neuen Herausforderungen und Situationen, sondern besonders auch uns Menschen. Um mehr Sicherheit und Vertrauen in neuen Situationen zu empfinden, müssen Pferde diese abschätzen und selbstwirksam bewältigen können. Im gemeinsamen Training und der Bewältigung von neuen Herausforderungen schaffen wir immer mehr das Gefühl von Sicherheit für beide Beteiligten: Mensch und Pferd.

Propriozeption »hilft uns, uns zu bewegen. Bei einem Mangel an propriozeptiven Informationen bewegen wir unseren Körper langsamer, schwerfälliger und angestrengter.« (Ayres, 2016, S. 54)

Alle Sinneseindrücke bilden demnach die Grundlage für komplexe Lernprozesse, die wir von unseren Pferden erwarten.

Sicherheit

Sicherheit zu empfinden, ist für Pferde das höchste Gut, das sie erlangen können. Als Fluchttiere sind sie in der Natur ständiger Gefahr ausgesetzt, der

Lernen

In unserem (Trainings-)Alltag mit unseren Pferden befinden wir uns demnach in Lernsituationen. Wir wollen, dass sie etwas dazulernen, sich in einer Übung verbessern oder sich weiterentwickeln.

Lernen beinhaltet die »Arbeit mit Aktivitäten, welche direkte Handlungskonsequenzen nach sich ziehen, Auswahl von Herausforderungen, die rein subjektive Grenzerfahrungen (im Gegensatz zu objektiven Gefahren bei einem echten Abenteuer) beinhalten, Reflexion des Gelernten, nachfolgender Transfer sowie Standards bezüglich Sicherheit und ökologischer Verträglichkeit.« (Kandler & Werner, 2009, S. 437)

Lernen ist ein kognitiver Prozess, dies bedeutet, dass er im Gehirn stattfindet. Hat ein Pferd gelernt, mit seinem Körper und seiner Umgebung angepasst umzugehen, kann es auch andere, schwierigere und komplexere Aufgaben erlenen. Um das Pferd bei den Lernprozessen weder zu unter- noch zu überfordern, ist das Konzept der Zone der nächsten Entwicklung wichtig.

Pferde »lernen zu lernen«,

dies ist wissenschaftlich erwiesen (Hanggi, 2003). Das bedeutet: Umso mehr Lernerfahrung das Pferd macht, desto schneller kann es neue Aufgaben lösen. Auf struktureller Ebene des Gehirns spricht man von neuronaler Bahnung. Nervenbahnen, die öfter genutzt werden, verstärken ihre Signale und Weiterleitung (siehe neuronale Plastizität, S. 29). Man kann es sich vorstellen, wie ein kaum genutzter Trampelpfad, der zum Feldweg, weiter zur Landstraße und letztendlich zur Autobahn ausgebaut wird. Die Reizweiterleitung auf diesem Lernweg wird – je häufiger sie genutzt wird – immer schneller. Auf der anderen Seite baut sich die Autobahn auch wieder zum Trampelpfad zurück, wenn diese Lernspuren nicht weiter genutzt werden. Wir können unseren Pferden also das Lernen aktiv beibringen und ihr Problemlöseverhalten fördern, wenn wir sie immer wieder vor bewältigbare Herausforderungen stellen. Dies fördert auch die Selbstwirksamkeit des Pferdes und beugt der erlernten Hilflosigkeit vor (siehe Kasten Selbstwirksamkeit, S. 143/Erlernte Hilflosigkeit, S. 141).

Zone der nächsten Entwicklung

Wie schwer du die Übungen machen kannst, oder ob dein Pferd bereit ist für die nächste Schwierigkeitsstufe weißt du, wenn du überlegst, wo seine Zone der nächsten Entwicklung ist. Diese verändert sich unaufhörlich mit jeder neuen Erfahrung, mit jeder neuen Lernsituation.
»Zone der nächsten Entwicklung« bezeichnet die Distanz zwischen dem momentanen Entwicklungsstand einer Person, der über eigenständiges Problemlösen bestimmt wird, und dem Stand der potenziellen Entwicklung, der über das Problemlösen mithilfe Erwachsener oder in Kollaboration mit (fortgeschritteneren) Gleichaltrigen erreicht werden kann. Die Zone der nächsten Entwicklung kann somit als ein Maß für das Lernpotenzial eines Individuums relativ zu seinem momentanen Entwicklungsstand verstanden werden.« (Wirtz, 2022)

Die »Zone der nächsten Entwicklung« ist ein Konzept aus der pädagogischen Psychologie, das von Lev Vygotsky entwickelt wurde. Diese Zone bezieht sich auf den Bereich, in dem ein Lernender oder Schüler in der Lage ist, neue Fähigkeiten und Wissen zu erwerben, jedoch nicht ohne Unterstützung. Es ist der Bereich zwischen dem, was eine Person bereits kann (ihr aktuelles Entwicklungsniveau) und dem, was sie noch nicht allein bewältigen kann, aber mit Hilfe erreichen kann.

In Bezug auf Pferdetraining und -erziehung bedeutet dies, dass die »Zone der nächsten Entwicklung« den Bereich darstellt, in dem ein Pferd bereits vorhandene Fähigkeiten hat, aber noch nicht völlig selbstständig handhaben kann. Es ist der ideale Bereich, in dem sich das Pferd weiterentwickeln kann, indem man ihm gezielte Unterstützung und Anleitung bietet, damit es neue Aufgaben und Herausforderungen erfolgreich bewältigen kann. Es ist wichtig, dass die Anforderungen in dieser Zone nicht zu einfach oder zu überfordernd sind, sondern genau auf das individuelle Entwicklungsstadium des Pferdes zugeschnitten werden.

»Zone der nächsten Entwicklung«

Auch wenn die wissenschaftliche Definition der »Zone der nächsten Entwicklung« aus dem human-psychologischen Bereich kommt, können wir dies auch auf das Pferd übertragen. Es ist bereits wissenschaftlich erwiesen, dass Pferde auf einem hoch kognitiven Niveau lernen und Probleme lösen können (Gabor, 2012). Also müssen wir ihnen auch die Fähigkeit zuschreiben, durch Herausforderungen immer leistungsstärker zu werden und damit ihren Komfortbereich erweitern zu können. Wenn wir ebenso aus dem humanen Bereich übernehmen, dass eine anleitende Person dem Lernenden dabei hilft, die Zone der nächsten Entwicklung meistern zu können, wären das in diesem Falle wir in unserer Beziehung als Leitfigur dem Pferd gegenüber. Wir unterstützen demnach unser Pferd im Entwicklungsprozess. Dies wirkt sich natürlich nicht nur auf die Weiterentwicklung des Pferdes aus, sondern ebenso auf die Beziehung zu uns als unterstützenden Menschen.

Dies ermöglicht eine stufenweise Verbesserung und Förderung der Fähigkeiten des Pferdes.

Wenn dein Pferd also die Grundlagen einer Übung beherrscht, dann ist es bereit für den nächsten Schritt. Lernen passiert in dem Moment der Anpassung, also immer nur dann, wenn eine Aufgabe, die wir an es stellen, vom Pferd noch nicht gänzlich beherrscht wird. Darauf sollten wir in unserer »Frage« achten. Das heißt, es muss noch eine Herausforderung für das Pferd bestehen. Die Aufgabe sollte gerade so schwer sein, dass es sie mit Unterstützung meistern kann, aber nicht so schwer, dass die Hilfe, die wir leisten können, dafür nicht ausreicht.

In welchem Moment das Lernen beginnt, ist für jedes Pferd, jeden Menschen und jede Situation unterschiedlich.

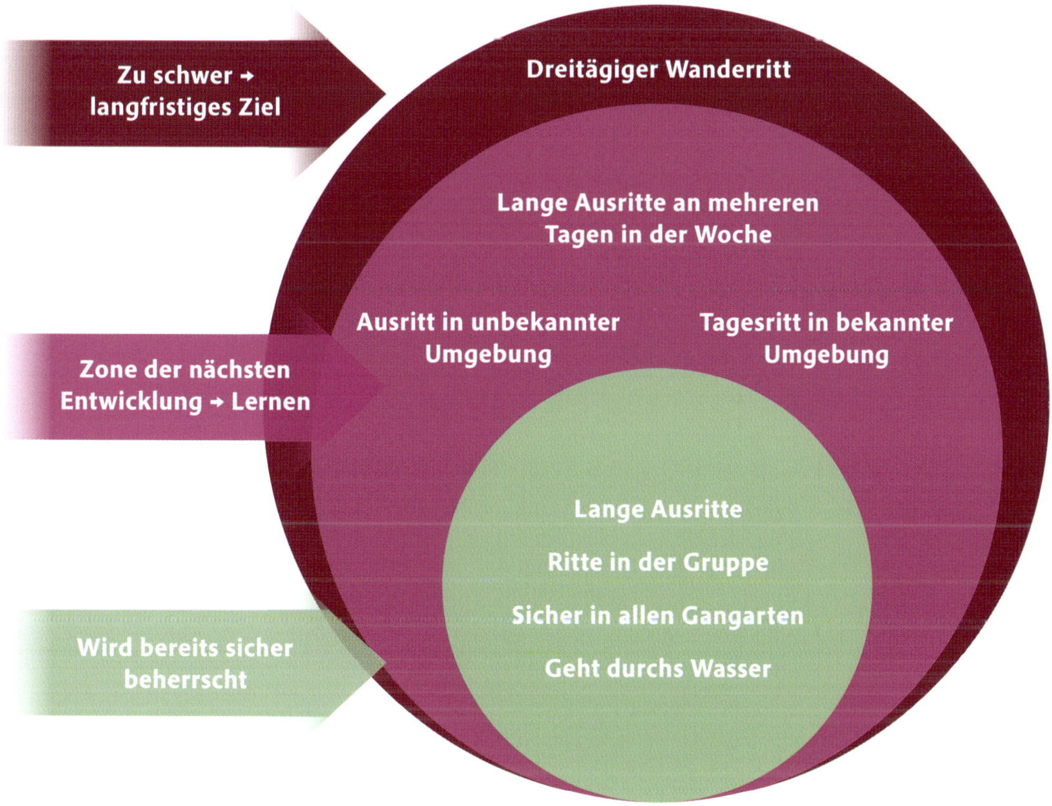

Die Vorstellung dieser Zonen – grün, pink und rot – ist eine ausgezeichnete Möglichkeit, die Lern- und Entwicklungsbereiche des Pferdes zu visualisieren.

Grüner Bereich: Dieser Bereich repräsentiert alles, was das Pferd bereits gelernt hat und sicher beherrscht. Im grünen Bereich können sowohl du als Reiterin als auch das Pferd ohne Probleme agieren. Dies zeigt sich durch ein sicheres Abfragen von Aufgaben, aber auch durch das selbstständige Zeigen der Fähigkeiten. Eine gute sensorische Integration, also die Fähigkeit des Pferdes, seine Sinne effektiv zu nutzen und zu koordinieren, erweitert diesen grünen Abschnitt, da ein kompetentes und wirksames Pferd in der Lage ist, mehr Aufgaben in diesem Bereich zu bewältigen.

Pinker Bereich: Hier befindet sich die Zone der nächsten Entwicklung. Die Größe dieses Bereichs hängt von den individuellen Fähigkeiten und Kompetenzen des Pferdes ab. Ein talentiertes Pferd oder ein Pferd mit guter sensorischer Integration kann möglicherweise größere Fortschritte in dieser Zone erzielen. Dies ist der Raum, in dem neue Fähigkeiten erworben werden können. In dieser Zone solltest du mit deinem Pferd gemeinsam arbeiten, um eurer beider Komfortzonen zu erweitern und neue Herausforderungen zu bewältigen.

Roter Bereich: Der rote Bereich kennzeichnet alle Aufgaben und Fähigkeiten, die zum jetzigen Zeitpunkt zu anspruchsvoll sind. Diese Aufgaben sollten erst angegangen werden, nachdem die Zwischenschritte im pinken Bereich erfolgreich integriert wurden. Es ist wichtig, den roten Bereich zu respektieren und nicht überstürzt zu handeln, da dies zu Überforderung und potenziellen Problemen führen kann.

Im roten Bereich können sich Ziele befinden, die ihr mittelfristig erreichen wollt. Nach und nach rücken diese Ziele immer näher, bis sie schließlich geschafft wurden.

Die visuelle Darstellung dieser Zonen kann dazu beitragen, das Pferd verantwortungsvoll zu fördern und sicherzustellen, dass das Training seinen individuellen Bedürfnissen und Fähigkeiten entspricht. Es ermöglicht auch, den Fortschritt und die Entwicklung des Pferdes besser zu verfolgen und anzupassen. Hier ein Beispiel:

Aktuell hat das Pferd also bereits einiges gelernt. Es kennt lange Ausritte und auch Ritte in der Gruppe. Dabei läuft es sicher in allen Gangarten und auch Wasserdurchquerungen sind ihm bekannt.

Was könnten die nächsten Schritte für dieses Pferd sein? Die Zone der nächsten Entwicklung wären hier beispielsweise lange Ausritte an mehreren Tagen in der Woche, welche es dem Pferd ermöglichen, an seiner Ausdauer zu arbeiten. Auch Tagesritte in bekannter Umgebung könnten hier interessant sein. Ein weiterer Schritt in der Zone der nächsten Entwicklung wäre auch ein Ausritt in fremder Umgebung.

1. **Lange Ausritte an mehreren Tagen in der Woche:** Diese könnten dazu beitragen, die Ausdauer des Pferdes zu steigern und seine Fähigkeit, längere Strecken zu bewältigen, verbessern.
2. **Tagesritte in bekannter Umgebung:** Dies bietet dem Pferd die Möglichkeit, seine bekannte Umgebung in einer neuen Perspektive zu erleben und gleichzeitig seine Ausdauer aufzubauen.
3. **Ausritte in fremder Umgebung:** Dies kann eine großartige Möglichkeit sein, dem Pferd neue Reize zu bieten und seine Anpassungsfähigkeit zu fördern.

Du siehst, es wird hier von den Kompetenzen des Pferdes und seinen Erfahrungen ausgegangen und darauf aufgebaut. Je genauer du dein Pferd kennst, sowohl seine körperlichen als auch seine geistigen Fähigkeiten, desto besser kannst du das Training darauf ausrichten. Wichtig ist jedoch auch die Tagesform zu betrachten. An einem guten Tag kann die Zone der nächsten Entwicklung größer sein als an einem schlechten.

Zum aktuellen Zeitpunkt wäre ein mehrtägiger Wanderritt noch zu anspruchsvoll. Es gibt Menschen, die ihren Pferden diesen trotzdem zumuten. Überforderung kann in der Tat zu verschiedenen Problemen führen, einschließlich körperlicher und mentaler Belastung, Vertrauensverlust und unerwünschtem Verhalten. Es ist wichtig, das

Gemeinsames Erleben und Herausforderungen gezielt meistern. Hierbei sollten wir immer die individuellen Entwicklungszonen von uns selbst und unserem Pferd im Blick haben.

Tempo des Fortschritts im Training stets im Einklang mit dem individuellen Entwicklungsstand des Pferdes zu halten, um eine positive und gesunde Weiterentwicklung zu gewährleisten.

Durch die Visualisierung der Zonen der Entwicklung kannst du einen systematischen Plan erstellen, der es dir ermöglicht, die Fortschritte deines Pferdes auf dem Weg zu deinem Ziel zu verfolgen. Dies ist eine effektive und empathische Herangehensweise, um ganz individuelle und konkrete Ziele fürs Pferdetraining zu setzen und zu erreichen.

Es ist äußerst wichtig, kreativ und individuell zu sein, da jedes Pferd und jede Reiterin einzigartig sind. Das bedeutet, dass keine Einheitslösung für alle Pferde und deren Menschen existiert. Die Stärken und Schwächen des Teams sollten berücksichtigt werden, wobei der Fokus nicht ausschließlich auf den Schwächen liegen sollte, da dies zu Frustration führen kann. Stattdessen ist eine kreative und sensorisch vielfältige Herangehensweise entscheidend. Du solltest herausfinden, was am besten zu dir und deinem Pferd passt, und euren eigenen einzigartigen Weg finden, von einer Zone der nächsten Entwicklung zur nächsten zu gelangen.

Mit einer solchen Vorgehensweise und Planung kannst du das Pferd gezielt fördern, sein Potenzial ausschöpfen und gleichzeitig eine positive und erfüllende Mensch-Pferd-Beziehung aufbauen. Dies ermöglicht ein kontinuierliches Wachsen und Lernen für beide Partner.

Deprivation und Enrichment

Wie bereits erwähnt, bildet die Grundlage für eine erfüllende Zusammenarbeit mit dem Partner Pferd dessen gesunde Auseinandersetzung mit einer vielfältigen Umwelt. Jedoch leben leider viele Pferde in einer sehr eintönigen und wenig ansprechenden Umgebung. Die sensorische Integration ist demnach nicht mehr natürlich gewährleistet, wie die Natur dies ursprünglich vorgesehen hat. Bekommt ein Pferd oder auch ein Mensch nicht genug sensorischen Input, um sich gesund entwickeln zu können, wird von Deprivation gesprochen. »Natürlich haben viele Umweltfaktoren Einfluss darauf, wie die Persönlichkeit sich entwickelt und ausdrückt (verhält). Lernen kann nicht stattfinden, wenn es nichts zu lernen gibt.« (Ayres, 2016, S. 66)

»Environmental Enrichment«

bedeutet die Anreicherung der Umwelt. Eine abwechslungsreich gestaltete Umwelt mit vielen Außenreizen bringt das Pferd dazu, immer flexibler auf diese Außenreize reagieren zu können. Durch die Wahrnehmung, Verarbeitung und Bewertung dieser Außenreize lernt das Pferd, sich positiv an seine Umgebung anzupassen. Wichtig ist dabei, dass diese Außenreize keinen dauerhaften Stress verursachen, sondern immer Reize darstellen, die von dem Pferd verarbeitet werden können (siehe Stressbewältigung). Es lernt, mit immer mehr Eindrücken umzugehen und auf diese reagieren zu können. Bei verschiedenen Tierarten wurde bereits festgestellt, dass eine angereicherte Umwelt sich positiv auf das Lernen und die Stressbewältigung auswirken kann. Auch bei Pferden zeigte sich, dass Pferde aus Laufstallhaltung, die durch ihre Art der Aufstallung mit mehr Reizen konfrontiert werden, schneller in einem Lerntest abschnitten als Pferde aus Boxenhaltung (Gabor 2006). Dem Pferd eine angereicherte, abwechslungsreiche Umwelt anzubieten, macht nicht nur Freude und fördert die eigene Kreativität, sondern ist ebenso für das Pferd eine wichtige Lebensverbesserung.

Wächst ein Pferd in einer eindrucksarmen Umgebung auf oder verbringt es dort einen Großteil seines Lebens, so kann die sensorische Integration nicht stattfinden und viel Potential verkümmert, da es nicht gefördert wird. Sensorische Deprivation bringt das gesamte Gehirn durcheinander.

»Haben Sie jemals die Erfahrung gemacht, wie es ist, lange ans Bett gefesselt zu sein oder lange ohne Bewegung im Auto zu sitzen? Können Sie sich erinnern, sich unwohl und reizbar gefühlt zu haben? Dieses Unwohlsein wird durch den Mangel an vestibulärem und propriozeptivem Input verursacht und durch die fehlende Möglichkeit, anpassend darauf zu reagieren.« (Ayres, 2016, S. 69) Dieses Unwohlsein und diese Reizbarkeit können auch beim Pferd durch fehlende sensorische Eindrücke beobachtet werden.

dic innerc Ambivalcnz tritt durch das Kopfkratzen zu Tage. Wichtig ist es, wenn man bei seinem Pferd eine Übersprungshandlung feststellt, diese nicht versucht zu unterbinden oder gar zu bestrafen. Hier muss man sich auf Ursachenforschung begeben: Warum hat das Pferd in diesem Moment Stress? Übersprungshandlungen können, wenn sie etabliert sind, auch zu Verhaltensstörungen werden, deswegen ist es wichtig, ihnen Beachtung zu schenken.

Deprivation lässt Pferde innerlich verkümmern.

Übersprungshandlung

Eine Übersprungshandlung ist ein Kanal für einen ambivalenten Antrieb im Pferd. Steht das Pferd unter einem gewissen Stress, beispielsweise einer Vorerwartung, einer Unentschlossenheit oder Unsicherheit, kann es sein, dass es eine Ursprungshandlung zeigt und diese etabliert. Dieser Übersprung kann sich äußern durch Knibbeln am Zügel oder Strick, ein wiederkehrendes Kratzen an sich selbst, ein Schnappen nach dem Menschen beim Führen oder auch ein Scharren, Kopfschütteln oder Gähnen. Ursprungshandlungen sind gekennzeichnet dadurch, dass sie in diesem Moment, in dem sie auftreten, nicht viel Sinn ergeben und zudem relativ gleichförmig und in bestimmten Situationen wiederkehrend auftreten. Beim Menschen wäre ein Beispiel für eine Übersprungshandlung, wenn man an einer Kreuzung steht und nicht weiß, ob man nach links oder rechts gehen soll und sich dann am Kopf kratzt. Es juckt die Person jedoch nicht, sondern

Jedoch nicht nur beim Pferd, sondern auch bei vielen Zootieren ist dies ein bekanntes Problem. Hier wird inzwischen von »Enrichment« gesprochen. Das ist ein Konzept mit dem Ziel, dem Tier mehr Sinneseindrücke zu ermöglichen und ihm Aufgaben zu stellen. Diese Anreicherung der Umwelt dient dazu, eben dieser Deprivation entgegenzuwirken. Besteht diese länger, ergibt sich auch das Pferd irgendwann seinem Schicksal und verkümmert innerlich. Diese Pferde sind dann oft reaktionslos und in sich zurückgezogen. Oft scheinen sie nach außen sehr ruhig und werden fälschlicherweise als entspannt und zufrieden wahrgenommen. Hiervor wollen wir ausdrücklich warnen!

Es ist demnach enorm wichtig, deinem Pferd (und dir selbst!) vielfältige Sinneserfahrungen zu ermöglichen und euch Herausforderungen zu stellen. Denn nicht nur Boxenpferde, die nur zwischen Halle und Box pendeln, sind hiervon betroffen, sondern auch viele Pferde, die einfach auf einer Weide abgestellt werden und tagein, tagaus über Jahre keine anderen Erfahrungen machen können.

Kompetenzen

Schubert und Schwill (2011) übernehmen die Definition von Weinert (2001): »Kompetenzen sind die bei Individuen verfügbaren oder durch sie erlernbaren kognitiven Fähigkeiten und Fertigkeiten, um bestimmte Probleme zu lösen, sowie die damit verbundenen motivationalen, volitionalen (willentlich) und sozialen Bereitschaften und Fähigkeiten, um die Problemlösungen in variablen Situationen erfolgreich und verantwortungsvoll nutzen zu konnen.«

In den Übungen werden nicht nur sensorische und körperliche Fähigkeiten und Fertigkeiten gefördert, sondern es werden auch andere übergreifende Kompetenzen entwickelt. Dazu gehören:

Eigeninitiative: Durch die Übungen wird dem Pferd die Möglichkeit gegeben, eigenständig zu handeln und Entscheidungen zu treffen. Dies fördert seine Eigeninitiative und Selbstständigkeit. Dafür hilft es, wenn das Pferd selbst mitdenkt, vielleicht auf eigene Ideen für Übungen

Förderung lässt Kompetenzen wachsen – bei Menschen und Pferden, egal in welchem Alter.

und Problemlösestrategien kommt oder Spaß hat, sich selbst zu präsentieren.

Bindungsfähigkeit: Die gemeinsamen Übungen stärken die Bindung und das Vertrauen zwischen Pferd und Mensch. Dies ist entscheidend für eine erfolgreiche Partnerschaft und hilft dem Pferd, in fordernden Situationen stärker seinem Menschen zu vertrauen.

Selbstvertrauen: Das Pferd gewinnt Selbstvertrauen, indem es neue Aufgaben bewältigt und Herausforderungen meistert. Dies ist wichtig für seine emotionale Stabilität und sein Wohlbefinden. Dadurch wächst auch sein grüner Bereich in Richtung Zone der nächsten Entwicklung. Es traut sich einfach mehr zu und ist sicher, in dem was es tut. Dies erkennst du zum Beispiel an ausdruckstarken Bewegungen oder am sicheren Überqueren von Hindernissen.

Eigenverantwortung: Das Pferd lernt, Verantwortung für seine Handlungen zu übernehmen und zu verstehen, dass sein Verhalten Konsequenzen hat. Es bringt sich weniger selbst in Gefahr, lernt zum Beispiel, sich nicht direkt am Zaun oder der Bande zu wälzen.

Diese übergreifenden Kompetenzen sind entscheidend für die Entwicklung eines ausgeglichenen, selbstbewussten und kooperativen Pferdes. Sie tragen dazu bei, eine starke Bindung zwischen Pferd und Pferdemensch aufzubauen und eine erfolgreiche und erfüllende Partnerschaft zu schaffen.

Licht, Luft, Gerüche und soziale Interaktionen bieten viele Eindrücke, die das Lernen fördern.

Soziale Kompetenz

Alle Lernprozesse, welche über die sensorische Integration hinausgehen, finden in einem sozialen Kontext statt, das bedeutet, mit einem anderen Pferd, einem anderen Tier oder einem Menschen.

Sozialkompetenz beschreibt dabei die Fähigkeit, wie diese Interaktionen stattfinden und wie gut diese Kompetenz entwickelt ist.
»Die Kompetenz fördert die Qualität des Sozialverhaltens, ohne sie vollständig determinieren zu können. Hiermit wird dem Umstand Rechnung getragen, dass das Verhalten immer auch in eine Umwelt eingebunden ist, die ihrerseits auf das Ergebnis des Verhaltens Einfluss nimmt.« (Kanning, 2009, S.16)

Wir Pferdemenschen wissen, dass Pferde soziale Wesen sind. Sie brauchen andere Pferde, um sich wohl und sicher zu fühlen. Ebenso ist der Aufbau einer gesunden Vertrauensbasis und die Achtung der individuellen Bedürfnisse und Grenzen des Pferdes von großer Bedeutung. Die Tatsache, dass die vorherigen Übungen auf sozialen Interaktionen basieren, spiegelt die natürlichen Bedürfnisse und Verhaltensweisen der Pferde wider.

Es ist in der Tat so, dass sowohl beim Führen, beim Schicken als auch beim Reiten immer ein Mensch präsent ist, was diese Aktivitäten zu sozialen Situationen macht. Dies betont die Wichtigkeit der Qualität dieser interspezifischen Interaktionen. Ein einfühlsamer und respektvoller Umgang mit dem Pferd, der auf seinen individuellen Bedürfnissen und Kompetenzen basiert,

Soziale Interaktionen gibt es zwischen allen Lebewesen.

fördert das Vertrauen und die Zusammenarbeit zwischen Pferd und Mensch. Dies wiederum schafft eine positive und gesunde soziale Umgebung, die sowohl für das Pferd als auch für den Menschen bereichernd ist.

Die Möglichkeit für das Pferd, seine Kompetenzen durch freies Entdecken weiterzuentwickeln, ist ebenfalls von großer Bedeutung. Dies erlaubt dem Pferd, seine Fähigkeiten und sein Selbstvertrauen auf natürliche Weise zu stärken und sich selbst zu entfalten. Die Kombination aus sozialen Interaktionen und freiem Entdecken schafft eine ausgewogene und positive Lernumgebung für das Pferd.

Sowohl das Pferd als auch der Mensch müssen sozial kompetent sein, um die vorgestellten Übungen erfolgreich durchführen zu können. Die interspezifische Dynamik und die Fähigkeit zur Kommunikation sind entscheidend für den Erfolg des Trainings und den Aufbau einer starken Beziehung.

Für den Menschen bedeutet dies, sich auf ein anderes Lebewesen, das Pferd, einzustellen und seine eigenen Bedürfnisse und menschlichen Eigenschaften wie Ungeduld, Zeitdruck oder Ego so zu regulieren, dass sie den Umgang mit dem Pferd nicht negativ beeinflussen. Das erfordert Geduld, Selbstreflexion und die Fähigkeit, die Bedürfnisse des Pferdes in den Vordergrund zu stellen.

Es ist von großer Bedeutung, die nonverbale Kommunikation zu verstehen und zu nutzen, da die Körpersprache sowohl vom Menschen als

Pferde suchen nach sozialen Interaktionen.

auch vom Pferd eine entscheidende Rolle spielt. Empathie, Einfühlungsvermögen und das Erkennen von Gefühlen, sowohl beim Pferd als auch beim Menschen, sind ebenfalls wichtige soziale Kompetenzen. Das Aufbauen von Vertrauen, das Erkennen von Signalen und das sozial kompetente Handeln sind Schlüsselkomponenten für den erfolgreichen Umgang mit Pferden.

Wie Menschen soziale Kompetenzen aufbauen können, wird ausgiebig in der psychologischen und pädagogischen Literatur behandelt. Wie Pferde sie entwickeln können, darüber sprechen wir jetzt.

Warum Umwelttraining?

Das Umwelttraining manifestiert eine durchdachte Methodik im Pferdetraining, indem es die natürliche Neugier und Lernbereitschaft des Pferdes geschickt nutzt. Die Konfrontation mit vielfältigen Umwelteinflüssen schärft die kognitive Flexibilität des Pferdes und befähigt es, sich erfolgreich an wechselnde Bedingungen anzupassen.

In diesem Kontext bietet das Umwelttraining eine Palette reichhaltiger sensorischer Reize – von verschiedenen Bodenbeschaffenheiten bis hin zu Geräuschen und Gerüchen. Während das

Pferd in unterschiedlichen Umgebungen agiert, verbessert sich seine Propriozeption, also das Bewusstsein über die Position seines Körpers im Raum.

Ein besonderer Fokus liegt auf der Zone der nächsten Entwicklung des Pferdes, einem Bereich, in dem das Pferd optimale Lern- und Entwicklungsmöglichkeiten hat. Die gezielte Anpassung des Trainings an die individuellen Fähigkeiten und Bedürfnisse des Pferdes aktiviert und fördert diese Zone.

Das Umwelttraining fungiert nicht nur als Trainingseinheit, sondern auch als eine Form des Enrichments. Die Integration neuer und abwechslungsreicher Reize bereichert das geistige und emotionale Wohlbefinden des Pferdes.

Das Bewältigen von Herausforderungen im Umwelttraining fungiert als mentales Enrichment und beeinflusst das Verhalten des Pferdes positiv.

In gemeinsamen Umwelttrainingserfahrungen entfaltet sich die soziale Kompetenz des Pferdes besonders in Gruppensituationen. Das Teilen von Erfahrungen und das Beobachten der Reaktionen anderer Pferde während des Umwelttrainings fördern ein tiefes Verständnis für die soziale Dynamik innerhalb der Gruppe.

Zusammengefasst bietet das Umwelttraining eine ganzheitliche Annäherung an das Pferdetraining, was nicht nur die physische, sondern auch die kognitive, emotionale und soziale Dimension des Pferdes berücksichtigt.

Praxis

Frei kann ein Pferd ganz nach seinem eigenen Rhythmus die Umwelt entdecken.

Herzlich Willkommen zum praktischen Teil, in dem wir die theoretischen Konzepte des Umwelttrainings in die Tat umsetzen werden! Nachdem wir die Grundlagen der intelligenten Herangehensweise an das Pferdetraining, die Förderung von sensorischer Verarbeitung, Propriozeption, Lernen, Zone der nächsten Entwicklung, Enrichment und sozialer Kompetenz besprochen haben, ist es nun an der Zeit, diese Prinzipien in die Praxis umzusetzen und erkennbare Fortschritte zu erzielen.

In den kommenden Übungen werden wir gemeinsam die Vielfalt des Umwelttrainings erkunden. Von der Bewältigung unterschiedlicher Bodenbeschaffenheit bis hin zur geschickten Navigation durch natürliche Hindernisse werden wir das Pferd durch herausfordernde Situationen führen. Das Ziel ist nicht nur das körperliche Training, sondern auch die mentale Stärkung und emotionale Resilienz des Pferdes.

Während wir uns auf den Praxisteil vorbereiten, erinnere dich bitte daran, die Bedürfnisse und Reaktionen deines Pferdes genau zu beobachten. Jedes Pferd ist individuell und diese Übungen bieten eine wunderbare Gelegenheit, die einzigartigen Fähigkeiten und Grenzen deines Pferdes zu erkunden.

Sei offen für die Herausforderungen, bleib geduldig und vor allem: Genieße die gemeinsame Reise mit deinem Pferd. Das Umwelttraining ist nicht nur eine Form der Ausbildung, sondern auch eine Möglichkeit, die Verbindung zwischen Pferd und Pferdemensch zu vertiefen und gemeinsam neue Ziele zu erreichen.

Lass uns nun mit Enthusiasmus und Neugierde in den praktischen Teil starten und die Theorie in erlebte Erfahrungen transformieren. Viel Freude beim Umwelttraining mit deinem Pferd!

Selbsttest

Bevor du mit dem Umwelttraining beginnst, ist es wichtig, den aktuellen Entwicklungsstand und die Komfortzone deines Pferdes zu verstehen. Schätze ein, wo du und dein Pferd beginnen könnt:
Basierend auf den Ergebnissen dieses Tests, kannst du einschätzen, in welchen Bereichen du und dein Pferd bereits sicher seid und wo es Potential für Weiterentwicklung gibt. Beginne mit kleinen Schritten und steigere die Anforderungen nach und nach, immer darauf bedacht, die individuellen Bedürfnisse und den Komfort deines Pferdes zu respektieren.

Denke daran, dass das Umwelttraining ein fortlaufender Prozess ist, der auf Vertrauen und positiven Erfahrungen aufbaut. Es ist wichtig, sich Zeit zu nehmen und dem Pferd diese auch zu lassen. Evaluiere stets, wie euer Entwicklungsstand aktuell ist. Dieser kann aufgrund von verschiedenen Einflüssen, wie Stallwechsel, Stress oder Unbehagen tagesformabhängig sein.

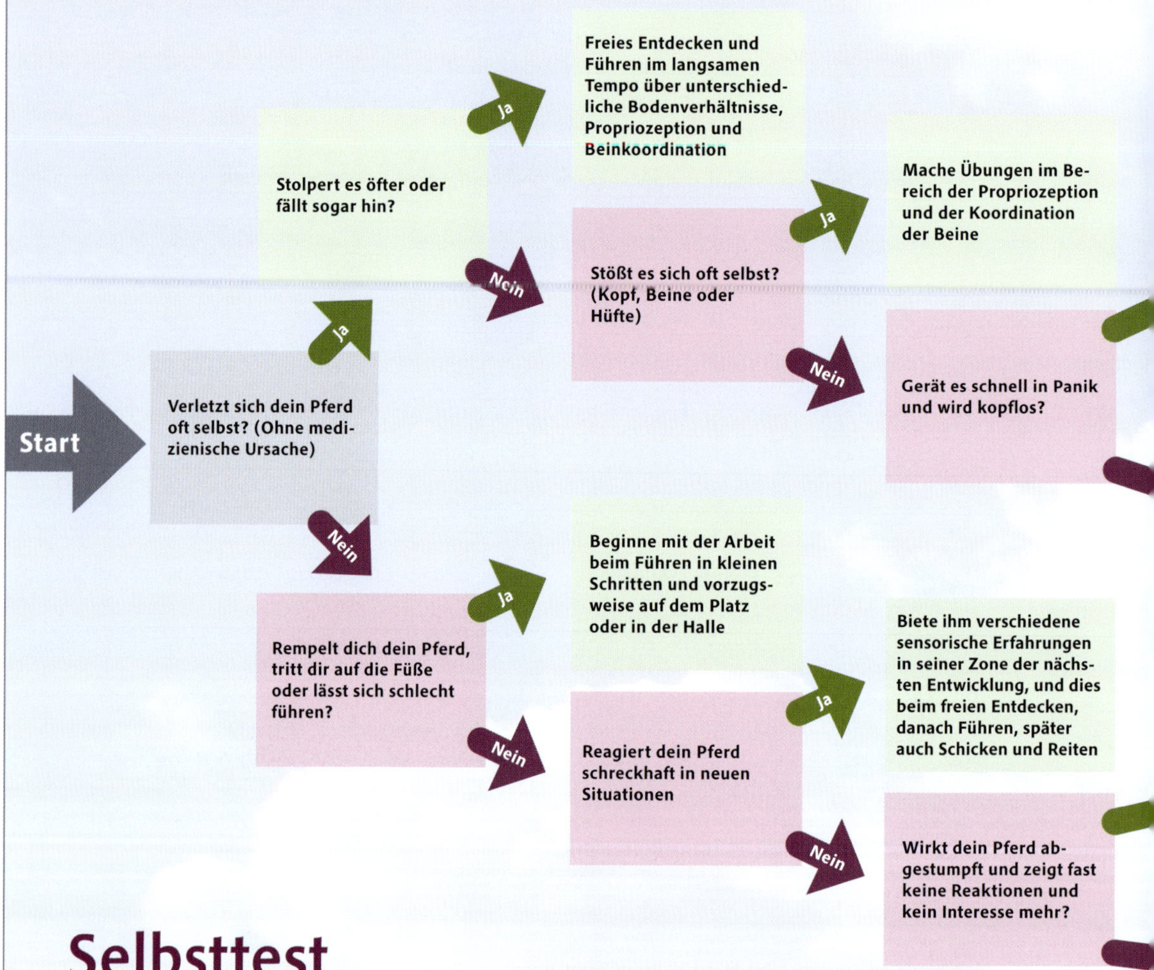

Selbsttest

Finde heraus, wo du und dein Pferd stehen, und erarbeitet aus diesem aktuellen Status eure Zone der nächsten Entwicklung in Richtung von mehr Gesundheit, mehr Kompetenzen und mehr gemeinsamer Freude.

Ja → **Lebt dein Pferd hauptsächlich in der Box?**

- Ja → Ermögliche ihm viele verschiedene Eindrücke durch freies Entdecken und Führen in der Natur, Übungen der Propriozeption und der Koordination der Beine
- Nein → Gestalte seinen Auslauf so vielseitig wie möglich, ermögliche neue Erfahrungen beim Entdecken und soziale Kontakte

Nein → **Wird dein Pferd hektisch und zeigt nicht die gewünschten Bewegungen?**

- Ja → Nutze Verschiedene Bodenbeschaffenheiten und Wahrnehmumgen, trainiere Propriozeption und versuche Übungen im Schicken
- Nein → **Ist dein Pferd eher träge und stumpf?**
  - Ja → Lass es viel frei entdecken, ermögliche ihm soziale Kontakte, mache erst die Übungen in den Bereichen Führen und Schicken. Selbstwirksamkeit kann auch interessant sein.
  - Nein → Analysiere was die Ursache für die Verletzungen sein kann und optimiere die Haltung, Umgang und Training, integriere dabei das Umweltraining

Ja → Entdecke spielerisch mit ihm die Umwelt, hauptsächlich beim freien Entdecken, Führen und Schicken, arbeite mit ihm an der Selbstwirksamkeit

Nein → **Lässt sich dein Pferd gut verladen?**

- Ja → Führe und schicke es über verschiedene Bodenverhältnisse, durch Wasser und trainiere die Propriozeption
- Nein → **Ist dein Pferd ein vielseitiger Partner, immer bereit mit dir neues zu entdecken?**
  - Ja → Nutze deine Umwelt und entwickle neue Ideen: Bodenbeschaffenheit, Wetterbedingungen und Temperatur, Wahrnehmung, Geschmack und Textur ...
  - Nein → Beginne mit kleinen Abenteuern, verschiedene Bodenbeschaffenheiten, Dunkelheit, Temperaturen, Wasser ...

Übungen

Übungen zur Entwicklung der sozialen Wahrnehmung

1. Freies Entdecken

Das freie Entdecken, das freie Leben der Pferde in einer Gruppe mit mindestens einem anderen Artgenossen stellt dabei die absolut notwendige Grundlage dar. Dies ist bereits von Geburt an wichtig. Das Fohlen lernt so auf natürliche Weise, wie eine Herde funktioniert, welche Rechte es hat und worauf es achten muss. Es lernt die Pferdesprache kennen und auch auf feinste Signale zu reagieren. Der Frühförderung kommt dabei wie beim Menschen auch eine ganz besondere Bedeutung zu. Also an alle, die Fohlen und Jungpferde halten: Die Devise lautet raus mit ihnen in die Gruppe!

Auch später sind soziale Interaktionen mit anderen Pferden absolut notwendig, um gesunde soziale Kompetenzen aufzubauen und aufrechtzuerhalten. Haben sie diese nicht, können nicht nur Untugenden entstehen, die die Verzweiflung der Pferde sichtbar machen, sondern auch Pferde, die sich einfach aufgeben und alles mit sich geschehen lassen. Kampf, Flucht oder sich selbst aufgeben, können extreme Anzeichen für zu wenige Wahrnehmungsreize, also Deprivation, sein.

Natürlich gilt es, die Gruppen bewusst zusammenzustellen und auf Sympathien, Antipathien und Bedürfnisse Rücksicht zu nehmen. Jedes Pferd sollte ein Recht auf eine Haltungsform haben, die ihm keinen Schaden zufügt.

Vertrauen und Zuneigung sind Elemente der sozialen Intelligenz.

Mensch und Pferd – Seite an Seite.

2. Führen

Führen ist die nächste Basiskompetenz, die jedes Pferd und jeder Pferdemensch beherrschen sollte. Dies ist jedoch erschreckenderweise oft nicht so. Immer wieder sieht man Pferde, die mit Ach und Krach von der Box bis zum Putzplatz kommen und die Reiterin erst dann aufatmet, wenn ihr Pferd entweder doppelt angebunden oder sicher in der Box eingesperrt ist. Dies ist kein Zustand, in dem Lernen möglich ist. Vielleicht kann ein sehr talentiertes Pferd ein Bruchteil seiner Fähigkeiten zeigen, jedoch wird es nie mit seiner Reiterin zusammenwachsen und auch nie für sie arbeiten wollen. Bitte investiere die Zeit in die Bodenarbeit, hier gibt es mittlerweile sehr viele Kurse von unterschiedlichen Trainerinnen. Diese Zeit wird euch und eurem Pferd danach geschenkt und ihr könnt Freude aneinander haben und sicher miteinander umgehen!

3. Schicken

Das Schicken baut auf dem Führen auf und sollte ebenfalls von jedem Pferdemenschen beherrscht werden. Dabei möchten wir unterstreichen, dass damit nicht das so genannte »zentrifugieren« mit kurz ausgebundenem Pferd gemeint ist. Die durch das hier gemeinte Schicken entwickelte Kompetenzen sollen dem Pferd ermöglichen, sich selbst weiterzuentwickeln, zu überlegen und in seinem Selbst zu wachsen. Beim Schicken spielt auch die Körpersprache des Menschen eine wichtige Rolle. Hier wird die soziale Interaktion zwischen beiden sehr deutlich. Kommuniziert der Pferdemensch so undeutlich, dass er viel Material benötigt, um sein Pferd zu händeln?

In diesem Fall muss auch dieser Pferdemensch noch an seinen eigenen Kompetenzen arbeiten.

4. Reiten

Das hier behandelte Reiten ist nicht an eine Reitweise gebunden. Mit oder ohne Gebiss, klassisch, barock oder western ist eigentlich egal. Es geht darum, dass die Wahrnehmung des Pferdes mit dem Menschen auf dem Rücken eine andere ist. Es hat nicht mehr das andere soziale Lebewesen neben sich, durch welches es sich sicherer fühlt. Hier ist der Mensch nicht mehr in seinem direkten Blickfeld und die Interaktionen führen hauptsächlich über körperliche Signale statt. Lass bitte deinem Pferd die Zeit, sich mit seinen Wahrnehmungen zu beschäftigen, sodass es versteht, dass es dir auch vertrauen kann, wenn du auf seinem Rücken sitzt.

5. Übungsvorschläge

Übungen zur Sozialen Wahrnehmung

Frei	Lass dein Pferd soziale Kontakte knüpfen mit anderen Pferden, egal ob auf der Weide oder auf dem Paddock. Setze dich einfach zu deinem Pferd und leiste ihm Gesellschaft, ohne etwas von ihm zu verlangen.
Führen	Kraule und putze dein Pferd dort, wo es ihm guttut. Massiere dein Pferd (bitte lass dir zeigen, wie das geht, und an welchen Stellen eine Massage angebracht ist). Gehe mit deinem Pferd spazieren, gerne auch in Gesellschaft von anderen Menschen, Pferden und Tieren.
Schicken	Lass es andere Tiere kennenlernen (Katzen, Hunde, Alpakas, Schafe, Rinder ...). Arbeite mit einem Handpferd
Reiten	Höre auf die Bedürfnisse deines Pferdes, fühle dein Pferd, wie es ihm geht, , an was es Freude hat und wie es auf deine Hilfen reagiert. Reite in der Gruppe (Quadrille, Ausritt, Reiterspiele, ...).

Pferdegerechtes Reiten ist nicht an eine Reitweise gebunden.

Sinneswahrnehmungen

Was haben Sinneswahrnehmungen mit der Intelligenz eines Pferdes zu tun? Je mehr verschiedene Eindrücke und Erfahrungen ein Pferd sammelt, desto starker wird seine Fähigkeit zur Problemlösung und zur Anpassung an unterschiedliche Situationen gefördert. Hier einige wichtige Aspekte dieser Verbindung:

Eindrücke und Lernen: Wenn ein Pferd viele verschiedene Sinnesreize und Eindrücke erlebt und erfolgreich mit ihnen umgeht, trägt dies zu seinem Lernen bei. Es entwickelt Strategien, um auf diese Reize zu reagieren und kann dieses Wissen in verschiedenen Situationen anwenden. Dies fördert die Anpassungsfähigkeit und die Fähigkeit zur Problemlösung.

Indirektes Training: Viele Alltagssituationen und Übungen können als indirektes Training angesehen werden. Zum Beispiel kann das Verladen indirekt geübt werden, indem unterschiedliche Untergründe (Unebenheiten, hohler Boden, ...) verwendet werden, auch in der Dunkelheit trainiert wird oder Engpässe geübt werden. Diese können natürlich auch beim freien Entdecken erfahren werden.

Vorbereitung auf verschiedene Situationen: Das Sammeln von vielfältigen Erfahrungen und die erfolgreiche Bewältigung von verschiedenen

Reizen und Situationen bereiten das Pferd auf das Leben im Stall, auf Ausritte, auf Turniere und auf andere Umgebungen vor. Es wird selbstbewusster und kann mit unerwarteten Herausforderungen besser umgehen.

Die Intelligenz eines Pferdes zeigt sich nicht nur in seinem Vermögen zur Lösung von Aufgaben, sondern auch in seiner Fähigkeit, auf veränderte Umstände zu reagieren und erfolgreich mit verschiedenen Situationen umzugehen. Das Sammeln von Sinneswahrnehmungen und die damit verbundenen Lernprozesse sind ein wichtiger Bestandteil dieses Anpassungsvermögens und der Intelligenz eines Pferdes. »Sinnesreize sind »Nahrung« für das Nervensystem. Alle Muskeln, Gelenke, lebenswichtigen Organe, Bereiche der Körperoberfläche (Haut) und Sinnesorgane (Kopf) senden sensorische Informationen an das Gehirn. Jede Sinnesempfindung ist eine Information. Das Nervensystem verwendet diese Informationen, um Reaktionen zu erzeugen, durch die wir uns körperlich und geistig an die Gegebenheiten anpassen. Ohne eine gute Versorgung mit vielen verschiedenen Sinnesreizen kann das Nervensystem sich nicht richtig entwickeln.« (Ayres, 2016, S. 50)

Wie ein Pferd lernt, mit den Sinneswahrnehmungen umzugehen und wie diese konkret trainiert und gelernt werden können, liest du jetzt.

Mit allen Sinnen wahrnehmen.

Hufe: der einzige Kontakt zum Boden

Die meisten Pferdemenschen denken wohl beim Thema Sinne nicht sofort an die Hufe. Jedoch bilden sie den einzigen Kontakt zum Boden, den Pferde haben. Ihnen sollte somit eine besondere Bedeutung zukommen. Seit einigen Jahren wissen wir, dass der Huf nicht wie vorher angenommen starr ist, sondern in der Tat beweglich. Auch wenn der Tragrand und die Sohle kaum Rezeptoren haben, die das Pferd fühlen lassen, so kann der Huf zusammen mit den Informationen, die das Pferd über sein Bewegungszentrum erhält, einiges über die Bodenbeschaffenheit erfahren.

Reiterinnen, die viel draußen über Stock und Stein unterwegs sind, haben sich wahrscheinlich schon mehr Gedanken darüber gemacht und stärker die Reaktionen auf diese Sinneswahrnehmungen trainiert als Reiterinnen, die sich hauptsächlich in der Halle und auf dem Platz bewegen. Das Training hier kann für alle Pferde nützlich sein und sowohl im Wald als auch auf dem Hof durchgeführ werden.

Pferde, die Hufeisen oder einen anderen Hufschutz tragen, steht diese Sinneswahrnehmung nur noch eingeschränkt zur Verfügung. Die Starrheit und die Abwesenheit von direktem Kontakt lassen die Pferde manchen Untergrund nur noch teilweise oder verzögert wahrnehmen.

Hufe tragen ein Pferd durchs Leben.

Beschaffenheit des Untergrunds

Pferde fühlen, ob der Boden tief, rutschig, hart, steinig, hohl ist und noch vieles mehr. Sie passen oft ihren Gang der Beschaffenheit an. So werden sie schneller, langsamer, vorsichtiger oder testen erst, ob sie überhaupt diesem Boden trauen können. Generell gilt, dass es sehr sinnvoll ist, möglichst viele verschiedene Bodenbeschaffenheiten in den Alltag zu integrieren, um unseren Hauspferden den sicheren Umgang mit diesen beizubringen. In einer Stresssituation kann das so Gelernte nützlich sein, um Verletzungen des Pferdes und der Reiterin zu verhindern. Im Turniersport erlaubt es dem Pferd, eventuell den besten Weg zu suchen, seine Bewegungen anzupassen und möglichst energiesparend das Ziel zu erreichen.

Allerdings ist es wichtig zu beachten, dass unterschiedliche Beschaffenheiten des Untergrunds auch Vorteile bieten können, insbesondere im Training und in der Entwicklung von Pferden. Hier einige Gründe, warum dies als eine gute Gelegenheit betrachtet werden kann:

1. **Stärkung der Muskulatur:** Das Bewegen auf verschiedenen Bodenverhältnissen erfordert eine erhöhte Anstrengung der Muskulatur. Dies kann zur Kräftigung der Muskeln

Unterschiedliche Bodenbeschaffenheiten können tatsächlich eine Herausforderung für Pferde darstellen. Dies kann besonders in Verbindung mit dem Fluchtinstinkt der Pferde zu einer gewissen Unruhe führen.

Nicht immer sind solche guten Bodenverhältnisse vorzufinden. Ein Reitboden, der nicht zu tief, aber dennoch griffig ist, schont den Bewegungsapparat.

beitragen, was für die Gesundheit und Leistungsfähigkeit des Pferdes von Vorteil ist.

2. **Verbesserung der Balance und Koordination:** Unterschiedliche Bodenverhältnisse erfordern, dass das Pferd seine Balance und Koordination anpasst, um sicher zu schreiten, zu traben oder zu galoppieren. Dies kann dazu beitragen, die Geschicklichkeit des Pferdes zu steigern.

3. **Mentale Anpassungsfähigkeit:** Das Bewegen auf unebenem oder tieferem Boden kann auch die mentale Anpassungsfähigkeit des Pferdes fördern. Es lernt, sich auf verschiedene Bedingungen einzustellen und kann in neuen Situationen ruhiger und selbstbewusster reagieren.

4. **Vertrauen aufbauen:** Das Überwinden von Herausforderungen kann das Vertrauen zwischen Pferd und Pferdemensch stärken. Das Pferd lernt, dass es selbst schwierige Situationen meistern kann, was zu einer positiven Einstellung und einem gestärkten Vertrauensverhältnis führt.

Insgesamt kann tiefer Boden eine wertvolle Gelegenheit sein, die körperliche und mentale Entwicklung eines Pferdes zu fördern. Es ist wichtig, diese Herausforderung behutsam und schrittweise anzugehen, um sicherzustellen, dass das Pferd die bestmögliche Unterstützung und Anleitung erhält.

Tiefer Boden

Bei tiefem Boden müssen Pferde ihre Beine höher heben, um sich fortbewegen zu können. Dies gilt für alle Pferde, ob beschlagen oder nicht.
Es kommt vor, dass aus Unsicherheit heraus die Geschwindigkeit erhöht wird. Das Pferd möchte diese Bodenstelle und das damit verbundene unsichere Gefühl zunächst schnell hinter sich bringen. Dies hängt mit dem natürlichen Fluchtinstinkt zusammen. Tiefer Boden lässt die Pferde schneller ermüden und verlangsamt eventuell durch Wegrutschen im schnellen Galopp ihre Geschwindigkeit oder birgt Verletzungsgefahr.

Somit sind ihre Fluchtmöglichkeiten deutlich eingeschränkt im Vergleich zu anderen Böden.
Tiefer Boden wird von Reiterinnen nicht gerne gesehen, da er die Trainingsmöglichkeiten einschränkt. Warum es nicht als gute Gelegenheit betrachten?

Übungen tiefer Boden

Achtung: diese Übungen nicht zu lange wiederholen, da der Bewegungsapparat des Pferdes meistens nicht darauf eingestellt ist und bei langem Üben Überbelastungen auftreten können. Pferde mit Sehnenschaden bitte erst nach Freigabe der Tierärztin üben lassen.

1. Freies Entdecken

Richte einen Sand-, Erd-, Lehm-, Stroh- oder Spänehaufen im Auslauf deines Pferdes ein. Du wirst

Bitte kläre mit deiner Tierärztin ab, ob dein Pferd alle Übungen machen darf.

Ein Galopp im frischen Pulverschnee macht Pferden oft viel Freude.

sehen, wie es diesen entdeckt und später sich darin wälzt und eventuell sogar darin spielt. Auch wenn es diesen Haufen später flach tritt, ist dies kein Problem. Es geht darum, die Erfahrung einmal selbst zu machen. In einer Box würden wir dies nicht empfehlen, da durch den beengten Raum eine größere Verletzungsgefahr besteht. Wenn dein Pferd sich nicht traut, den Haufen selbst zu entdecken, so kann ein Pferdefreund ihm helfen, aus sich herauszukommen. Wie beim Menschen auch, gibt es bei Pferden Individuen, die direkt auf Neues zugehen und andere, die etwas zögerlicher sind. Lernen durch Imitation, also durch Nachahmung, gibt es wie bereits erläutert auch bei Pferden.

2. Führen

Suche eine Stelle auf dem Pferdehof, in dem es entweder einen Sandhaufen, einen Laubberg oder Ähnliches gibt. Führe zunächst das Pferd an den Haufen heran und lass es ihn entdecken. Sei dies mit den Nüstern, mit den Hufen oder gleich mit dem ganzen Körper. Alles ist erlaubt. Interessant sind auch unterschiedliche Winkel, aus denen du den Haufen angehst.

Interessiert sich das Pferd nicht für den Haufen, so kannst du gerne zum Schicken übergehen. Bei Pferden, die überhaupt nicht auf neue Reize reagieren, hilft nur, ihnen dauerhaft eine art gerechtere Haltung und Beschäftigung anzubieten. Dann trauen sie sich hoffentlich irgendwann wieder, sich neugierig und selbstwirksam zu zeigen. Diese erlernte Hilflosigkeit ist leider häufig ein Resultat von falscher Haltung, falschem Umgang und falschem Training mit dem Pferd.

Ein endloser Strand ist eine gute Gelegenheit, um in tiefen Bodenverhältnissen zu üben.

Möchtest du diesen Zustand verhindern oder auch verbessern, so können die hier im Buch gezeigten Übungen sehr nützlich sein.

3. Schicken

Gehe hier ähnlich vor wie beim Führen, achte jedoch darauf, dass dein Pferd sich nicht mehr von sich aus wälzt. Dies birgt die Gefahr, dass es sich im Seil verheddern kann. Schicke es mutig vor und vergiss nicht zu loben! Traut sich das Pferd noch nicht, so gehe nochmal einen Schritt zurück und versuche es zunächst wieder mit dem Führen. Das Schicken kannst du gleichzeitig auch weiter ohne Hindernis üben, falls es am Schicken selbst liegen sollte. Hier können bekannte Bodenarbeitsübungen am langen Strick Abhilfe schaffen.

4. Reiten

Fürs Reiten eignet sich ein Haufen, den du mit langem Zügel überqueren kannst. Alternativ findest du in Wald und Flur auch immer wieder Stellen, die etwas tiefer sind und durch die du mit deinem Pferd hindurchreiten kannst.

Beispiele für tiefe Bodenverhältnisse: Schnee, Sand, Laub, Stroh, Späne, Heu, Waldboden ...

Übungen bei tiefen Bodenverhältnissen

Frei	Gestalte den Lebensbereich deines Pferdes so vielfältig wie möglich und nutze die unterschiedlichen Jahreszeiten und deren Eigenarten, um immer wieder neue Angebote bereitzustellen (Sandhaufen, wenn neuer Sand geliefert wird, Stroh- oder Spänehaufen, wenn du frisch eingestreut hast, Laubhaufen im Herbst ...). Auch vermeintlich »schlechtes Wetter« bietet Reize, so zum Beispiel suhlen sich manche Pferde gerne im Schlamm oder spielen im Schnee. Wichtig ist hier, dass sie davor genügend Auslauf hatten und aufgewärmt sind, um Verletzungen durch Übermut zu vermeiden.
Führen	Führe dein Pferd gezielt über tieferen Boden. Es kann sein, dass das dich auch Überwindung kostet, ziehe dir feste und wasserdichte Schuhe an und: »Auf ins Abenteuer!« Dies ist direkt auch für den Pferdemenschen eine sensorische Förderung.
Schicken	So wie beim Führen auch: Suche gezielt nach Sand, Laub oder anderen tieferen Bodenverhältnissen.
Reiten	Gehe auch hier wie bei den anderen Übungen vor. Schrittreiten sollte bevorzugt werden, um die Sehnen nicht übermäßig zu belasten. Dies merkst du im Sattel nämlich deutlich weniger, als wenn du mit deinem Pferd selbst über die Haufen kletterst. Ein Strandritt ist der Traum von fast jeder Reiterin. Hier ist weicher und tiefer Boden garantiert

Rutschiger Boden

Bei rutschigen Bodenverhältnissen lassen sich manche Pferde bewusst gleiten, andere werden schneller und bewegen sich in einem trab- oder passartigen Gang fort. Es ist wichtig, dass das Pferd das Gleichgewicht halten kann, auch wenn mal ein oder zwei Beine wegrutschen.

Matsch lässt den Boden tiefer und rutschiger werden.

Mit einer Reiterin auf dem Rücken spielt das eine noch größere Rolle, da das Reitergewicht mit ausbalanciert werden muss. Hierbei benötigen die Pferde ihren Hals als Balancierstange, um etwaige Rutschpartien besser ausgleichen zu können. Für die Reiterin gilt: Zügel möglichst lang lassen, das Pferd schauen lassen, wo es hintritt, und möglichst im Gleichgewicht sitzen, ohne zu sehr zu kippen. In schnelleren Gangarten oder in der Kurve kommen erstaunliche Kräfte zusammen und hier muss das Pferd achtgeben, wie es sich und die Reiterin ausbalancieren kann.

Wir Menschen können in solchen Situationen gar nicht richtig reagieren, da wir nicht sehen und fühlen, wo das Pferd hintritt und auch nicht genug Informationen haben, um es richtig leiten zu können. Hier hilft es, wenn das Pferd gelernt hat, mit solchem Boden umzugehen, sich auszubalancieren, das Reitergewicht zu tragen und selbst Entscheidungen zu treffen. Wie man sieht, verlangen solche Situationen bereits sehr viel an Fähigkeiten und Fertigkeiten vom Pferd.

Übungen rutschiger Boden

Im Winter ergeben sich in unseren Breitengraden oft automatisch rutschige Bodenverhältnisse, da der Lehmboden mit der Regenmenge überfordert ist und somit das Wasser nicht mehr aufnehmen kann. Es gilt jedoch zu beachten, dass diese Übungen zeitlich stark eingeschränkt werden sollen, da die Pferde es oft nicht gerne machen (wer läuft schon gerne durch die Matsche ...). Ebenso bestehen auch Gesundheitsrisiken durch Mauke, Wegrutschen oder Ähnliches.

1. Freies Entdecken

Freies Entdecken bietet sich an, wenn es zum Beispiel auf dem Paddock des Pferdes passiert. Natürlich sind richtige Schlammsuhlen schlecht für die Pferdegesundheit, jedoch kann ein oberflächlich schmieriger Boden ihnen helfen, sich auszubalancieren zu lernen.

Lebt das Pferd im Offenstall, so bietet es sich an, auch manche unbefestigten Stellen im Winter zugänglich zu machen. Diese sollten so liegen, dass die Pferde sie nicht durchqueren müssen, wie zum Beispiel am Rand eines Pfades, bei dem nur die Mitte befestigt ist, oder am Rand der befestigten Fläche. So halten sich die Pferde nicht für längere Zeit im Schlamm auf, machen dennoch immer wieder kurze Erfahrungen mit solchen Bodenverhältnissen.

Steht das Pferd in einer Box und geht tagsüber auf einen Paddock, so ist es auch möglich, hier nicht befestigte Flächen zu integrieren. Es muss aber unbedingt darauf geachtet werden, dass das Pferd im Vorfeld ausreichend im Schritt aufgewärmt wird, um die Verletzungsgefahr beim Rutschen gering zu halten. Auch sollten dem Pferd ausreichend Bewegungsmöglichkeiten geboten werden, bei denen es sich gefahrlos austoben kann. Diese Übung kann und darf dies auf keinen Fall ersetzen, sondern stellt eine zeitlich stark eingeschränkte Ergänzung dar.

2. Führen

Ähnlich wie beim Paddock gibt es auf dem Hof oder in der direkten Umgebung immer wieder leicht matschige Stellen. Auch hier kannst du manchmal dein Pferd hindurchführen. Achte dabei darauf, dass du selbst nicht in den Weg des Pferdes rutschst, sondern seitlich von ihm bleibst. Wenn du viel mit deinem Pferd spazieren gehst, ergeben sich die Möglichkeiten solch ausgesuchter Stellen oft ganz automatisch. Achte bei der Auswahl von Kuhlen und matschigem Boden im Gelände bitte darauf, dass du nicht fremdes Eigentum zerstörst.

3. Schicken

Hier eignet sich ein gemeinsamer Spaziergang oft ganz besonders. Wenn du dein Pferd durch die matschige Stelle geführt hast, kannst du es im nächsten Schritt hindurchschicken.

Das Pferd durch den matschigen Boden zu schicken setzt Vertrauen und Vorarbeit voraus. Es hilft dem Pferd, sicherer mit diesen Bodenverhältnissen umgehen zu lernen.

Wenn du das Führen in der Vergangenheit bereits ein paar Mal geübt hast, kannst du schnell auch in neuen Situationen direkt zum Schicken übergehen. Das hat den Vorteil, dass wir selbst nicht durch den Matsch gehen müssen.

Wenn das Pferd die rutschige Passage einmal bewusst durchquert und dabei gesehen hat, wo es seine Beine hinsetzen musste, dann muss diese Übung auch nicht mehr wiederholt werden.

4. Reiten

Beim Reiten gilt grundsätzlich das Gleiche wie beim Schicken. Auch hier sollte die Übung nicht häufiger als nötig wiederholt werden. Es ist jedoch sinnvoll, dass Pferde lernen, sich in solchen Situationen auszubalancieren. So lassen sich Unfälle in unvorhergesehenen Situationen vermeiden und das Pferd lernt, sich selbst zu regulieren und den gegebenen Verhältnissen anzupassen. Reiten am langen Zügel erleichtert dem Pferd hierbei das Ausbalancieren.

Beispiele für rutschige Bodenverhältnisse: Schnee, Asphalt, Steine, nasser Boden, ...

5. Übungsvorschläge

Übungen bei tiefen Bodenverhältnissen

Frei

Gestalte den Lebensbereich deines Pferdes so vielfältig wie möglich. Unterschiedliche Untergründe bieten unterschiedliche Erfahrungen.

Auch vermeintlich »schlechtes Wetter« bietet Reize, beispielsweise suhlen sich manche Pferde gerne im Schlamm oder spielen im Schnee. Wichtig ist hier, dass sie davor bereits genügend Auslauf hatten und aufgewärmt sind, um Verletzungen durch Übermut bei den rutschigen Bodenverhältnissen zu vermeiden.

Führen

Bei Regen oder nach einem Schauer kann der Asphalt auf dem Hof noch nass sein. Das ist eine gute Gelegenheit, um mit deinem Pferd spazieren zu gehen. Das gilt auch bei Schnee. Achte hier darauf, dass du und dein Pferd gut sichtbar für andere Verkehrsteilnehmer seid.

Schicken

So wie beim Führen kannst du dein Pferd auch bei rutschigen Bodenverhältnissen schicken. Ruhe und Beschaulichkeit sind hierbei wichtig. Lass deinem Pferd genügend Halsfreiheit, um sich die Bodenverhältnisse genau anzusehen und zu überlegen, wie es seine Beine am besten aufsetzen sollte.

Reiten

Auch hier gilt das Gleiche: Ein gemütlicher Schrittausritt nach einem lang erwarteten Sommerregen oder im Herbst mit goldgelben Blättern oder im Winter im Schnee kann sehr schön für Pferd und Reiterin sein.

Harter Boden

Harter Boden lädt nicht so sehr zum Laufen ein, außer er ist gut griffig. Asphalt zum Beispiel vermeiden viele Pferde gerne. Im Sommer macht ihnen hart getrockneter Naturboden deutlich weniger aus.

Harten Boden kennen die meisten Pferde von Straßen, Wegen, Stallgassen usw. Dieser sollte der Vollständigkeit halber hier erwähnt werden. Nutze auch diese Böden bewusst für die Ausbildung deines Pferdes.

Harter Boden beansprucht besonders die Hufe, fördert aber auch beim maßvollen Integrieren in den Alltag die Festigkeit des Horns.

Harter Boden gibt am stärksten die Informationen an Knochen und Gelenke zurück. Im Sinne der Propriozeption können somit Informationen stärker wahrgenommen und eher integriert werden. Hier sollte jedoch hauptsächlich in ruhigeren Gangarten gearbeitet werden, um einen erhöhten Verschleiß zu vermeiden.

Beispiele für harte Bodenverhältnisse: Asphalt, Beton, Steine, Geröll ...

Ein solcher Weg ist eine Herausforderung. Ein schmaler Trittbereich mit wenig Absicherung sollte nur von äußerst geübten Pferd-Mensch-Paaren beritten werden. Trittsicherheit und eine gute Kommunikation sind hier essentiell. Er ist schmal, rechts geht es steil bergab, keine Möglichkeiten fürs Pferd auszuweichen ...

5. Übungsvorschläge

Übungen harter Boden

Frei

Gestalte den Lebensbereich deines Pferdes so vielfältig wie möglich. Unterschiedliche Untergründe bieten unterschiedliche Erfahrungen.

Führen

Nach langer Trockenheit kann der Boden sehr hart sein. Das Gleiche gilt nach starkem Regen, der die obere Bodenschicht weggespült hat. Beides sind gute Situationen, um mit deinem Pferd spazieren zu gehen. Während des Spaziergangs kannst du versuchen, unterschiedliche Untergründe mit einzubeziehen.

Schicken

So wie beim Führen kannst du dein Pferd auch bei harten Bodenverhältnissen schicken.

Reiten

Auf hartem Boden sollte hauptsächlich nur im Schritt geritten werden. Trab kann für kurze Abschnitte versucht werden. Beschlagene Pferde erfahren die Reize von festem Untergrund viel stärker. Deswegen sollte beachtet werden, dass nur kurz getrabt wird. Pferde würden sich eher selten für harten Boden entscheiden. Wenn du einem erfahrenen Distanz- oder Wanderreitpferd die Wahl lässt, läuft es wahrscheinlich von sich aus eher auf dem Grasstreifen neben dem Weg als auf dem Asphalt. Gehe hier gezielt nur in kurzen Abschnitten in die Herausforderung.

Um ein Naturhindernis wie einen Geröllhaufen zu meistern, geht man am besten in aufeinander aufbauenden Lernstufen vor: Darf das Pferd frei oder an der Hand selbst entdecken und untersuchen, fördert dies seine Neugier und steigert seine Selbstwirksamkeit. Zeigt der Mensch, dass er selbst entspannt mit dem Hindernis umgehen kann, bestätigt dies das Pferd darin, seine Skepsis zu verlieren.

Das Pferd sollte in ruhe Zeit haben, sich mit dem neuen Untergrund auseinanderzusetzen. Das Erfühlen und Taxieren mit den Hufen fördert die Koordination und damit das Sicherheitsempfinden des Pferdes. Kann dann das Hindernis im »Schicken« bewältigt werden, beweist dies schon eine gute Vorarbeit, Kommunikation und Vertrauensbasis zwischen Mensch und Pferd.

Das gemeinsamen Bewältigen des Hindernisses vom Sattel aus zeigt, dass die Vorarbeit sich gelohnt hat.

Untergründe mit Hohlraum

Hohle Untergründe findest du bei Brücken, aber auch im Pferdeanhänger. Sie beeindrucken Pferde meist am Anfang, durch die von ihrer eigenen Bewegung ausgelösten Vibrationen, sehr. Auch der Hohlklang ist ungewohnt für Pferde. Durch gezieltes Üben von verschiedenen derartigen Untergründen, können Verladeprobleme gelöst und manche Schreckreaktionen vor hohlem Untergrund überwunden werden.

Übungen Untergründe mit Hohlraum

1. Freies Entdecken

Das freie Entdecken gestaltet sich hier etwas anspruchsvoller. Eigentlich ist es nur möglich, wenn du ein Grundstück zur Verfügung hast, auf dem die Pferde eigenständig von einer Seite über eine Brücke hinweg zur anderen gelangen können. Bei Weiden an einem Bachlauf kann das zum Beispiel trainiert werden.

Beim Trailreiten oder auch bei der Working Equitation werden Brücken aus Holz integriert, die den Pferden dann als Hindernis präsentiert werden. Je nach Bauart eignen sich diese auch für das freie Entdecken.

Alternativ kann auch ein Podest im Auslauf errichtet werden. Runde Formen helfen, Verletzungen zu vermeiden.

2. Führen

Beim Führen eignet sich klassisch das Anhängertraining sowie das gezielte Überqueren von Brücken. Hier muss darauf geachtet werden, dass

Ein vielseitig gestalteter Paddock mit einer Brücke über einen Teich, wie hier vorne im Bild, macht es den Pferden möglich, selbstständig vielfältige Erfahrungen zu sammeln.

schmale Fußgängerbrücken nicht unbedingt für Pferde und deren Gewicht gemacht sind. Weitere solcher Hindernisse sind Hängebrücken, Wippen oder Ähnliches. Wenn du dich für Mountain Trail, Extreme Trail oder Working Equitation interessierst, so findest du hier genügend Informationen zu möglichen Hindernissen.

Wenn ein Pferd Schwierigkeiten mit dem Verladen hat, so ist es wichtig, möglichst einfach zu beginnen, um ein Erfolgserlebnis für Pferd und Mensch zu erzielen. Dabei kann es helfen, das Pferd nur über die Rampe zu führen, zum Beispiel von einer Seite quer über die Rampe und auf der anderen Seite wieder hinunter. Das nimmt auch oft den Stress und lässt Lernen wieder zu.

Alternativ eignen sich die vorhin erwähnten Holzbrücken. Du kannst aber auch aus Holzpaletten mit einer aufgenagelten Matte einfach eine stabile Brücke selbst bauen. Anleitungen hierzu findest du im Internet. Du musst aufpassen, dass die Hufe nirgends hineinrutschen oder sich einklemmen können und dass die Paletten so aneinander befestigt werden, dass sie nicht auseinanderrutschen.

Bei jedem dieser Hindernisse ist es interessant, dem Pferd nicht nur das Überqueren an sich, sondern auch das Stehen darauf beizubringen. Erst wenn das Pferd das geführte Stehen auf dem Hindernis beherrscht, sollte zum Schicken übergegangen werden.

Eine ähnliche Erfahrung machen Pferde beim Überqueren von Planen. Oft sind diese in Ställen vorhanden und können zum Üben ausgeliehen werden. Balance Pads werden auch immer mehr eingesetzt. Sie fördern ähnliche Kompetenzen wie Beweglichkeit und stärkeres Körperbewusstsein.

Verladetraining

Das Verladetraining an sich ist ein sehr komplexes Thema und soll hier nicht bis ins Detail ausgeführt werden. Aber die Herangehensweise, das Pferd spielerisch und ohne es verladen zu müssen, mit dem Hänger interagieren zu lassen, stellt einen wichtigen Teil in der Vorbereitung für das Anhängertraining dar. Wenn man sich den Anhänger als Bodenarbeitshindernis vorstellt und nicht als Objekt, in das das Pferd in diesem Moment verladen werden muss, ist auch die Anspannung des Menschen geringer, was einen sehr hohen Einfluss auf das Verhalten des Pferdes hat. Beim Anhängertraining ist oft das Problem, dass es von Menschen vermieden wird, da diese Situation schon des Öfteren Stress behaftet oder sogar gefährlich war. Mit der Herangehensweise, den Anhänger einmal anders zu erkunden und dem Pferd vorher jeden Baustein in Ruhe zu zeigen, ist es vielleicht eine neue, aber dennoch sehr wirkungsvolle Methode.

Es wurde bereits erwähnt, dass das Verladetraining an sich ein komplexes Thema ist, das diesen

Im Anhänger stehen die Pferde auf einem Untergrund mit Hohlraum.

Rahmen sprengen würde. Die hier gezeigten Übungen sind jedoch sicherlich förderlich und können als Vorbereitung zum Verladetraining betrachtet werden.

3. Schicken

Beim Schicken können die gleichen Hindernisse verwendet werden wie beim Führen. Bei Brücken mit Geländern musst du aufpassen, nicht mit dem Führstrick am Geländer hängen zu bleiben. Ein Beinschutz ist empfehlenswert, wenn das Pferd die Tendenz hat, an der Kante entlangzugehen.

Wenn der Strick lang genug ist, dass die Führperson außen seitlich an der Rampe stehen bleiben kann, so kannst du dein Pferd auch bis in den Anhänger hineinschicken. Achtung, manche Pferde neigen dazu, schnell wieder hinauszustürmen, es ist aus diesem Grund wichtig, sich seitlich an die Rampe zu stellen.
Auch hier sollte das Stehenbleiben auf dem Hindernis geübt werden, ehe zum Reiten übergegangen wird.

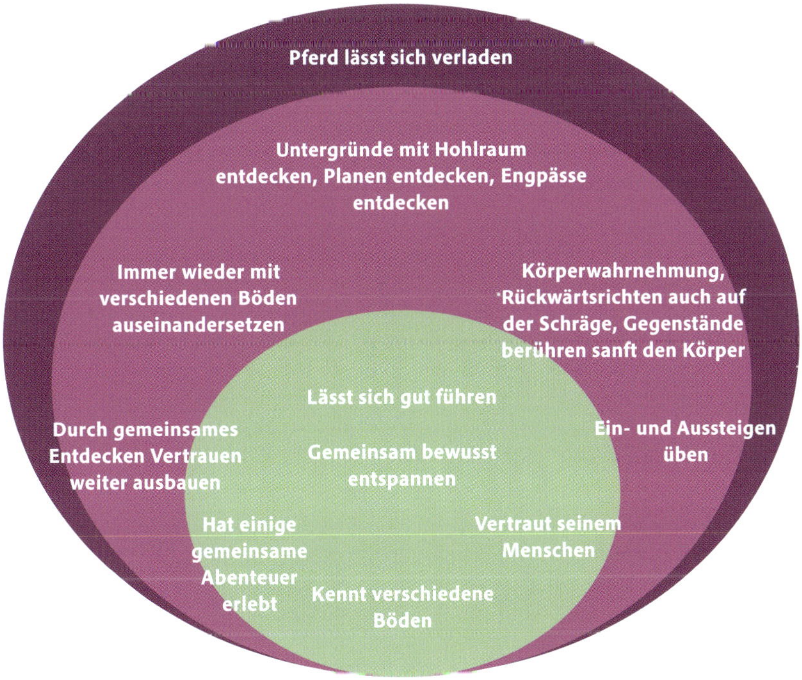

Du möchtest mit deinem Pferd das Verladen üben. Analysiere wie eure Zone der nächsten Entwicklung gestaltet werden könnte, um das Verladen als Ziel zu erreichen. Hier siehst du ein Beispiel.

Der Pferdeanhänger stellt eigentlich auch nur ein Umwelthindernis dar, welches es gemeinsam zu bewältigen gilt.

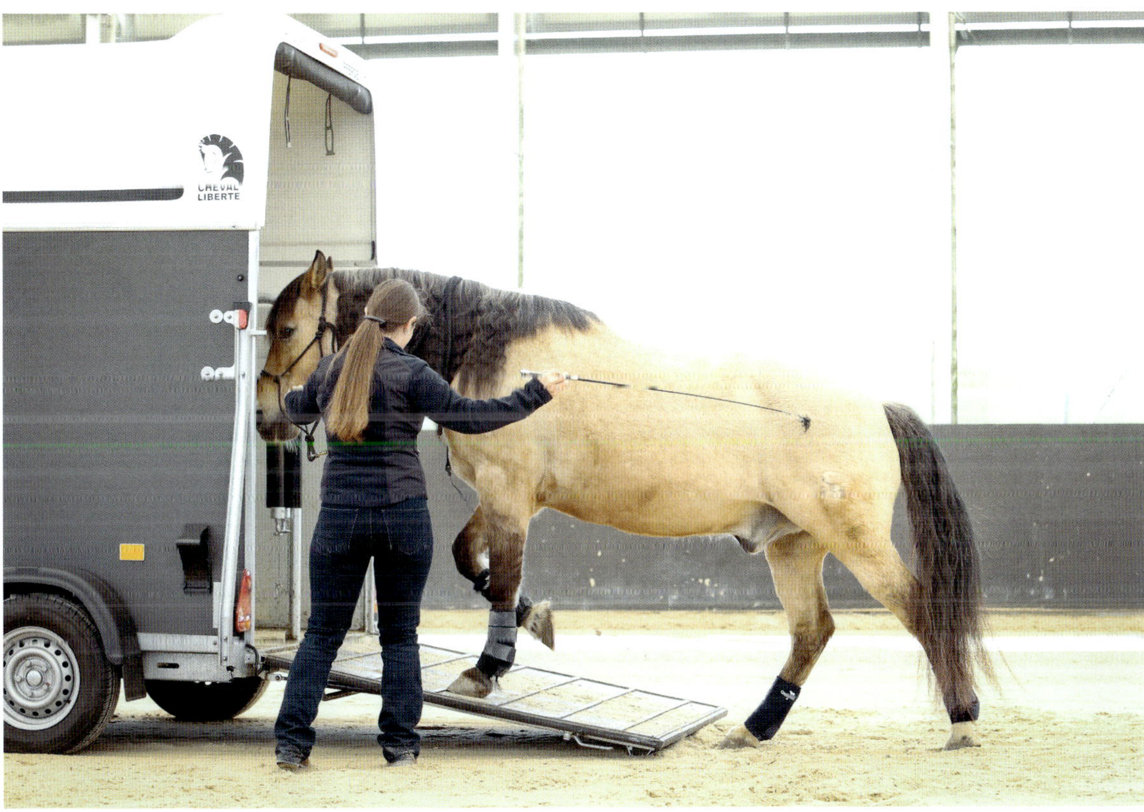

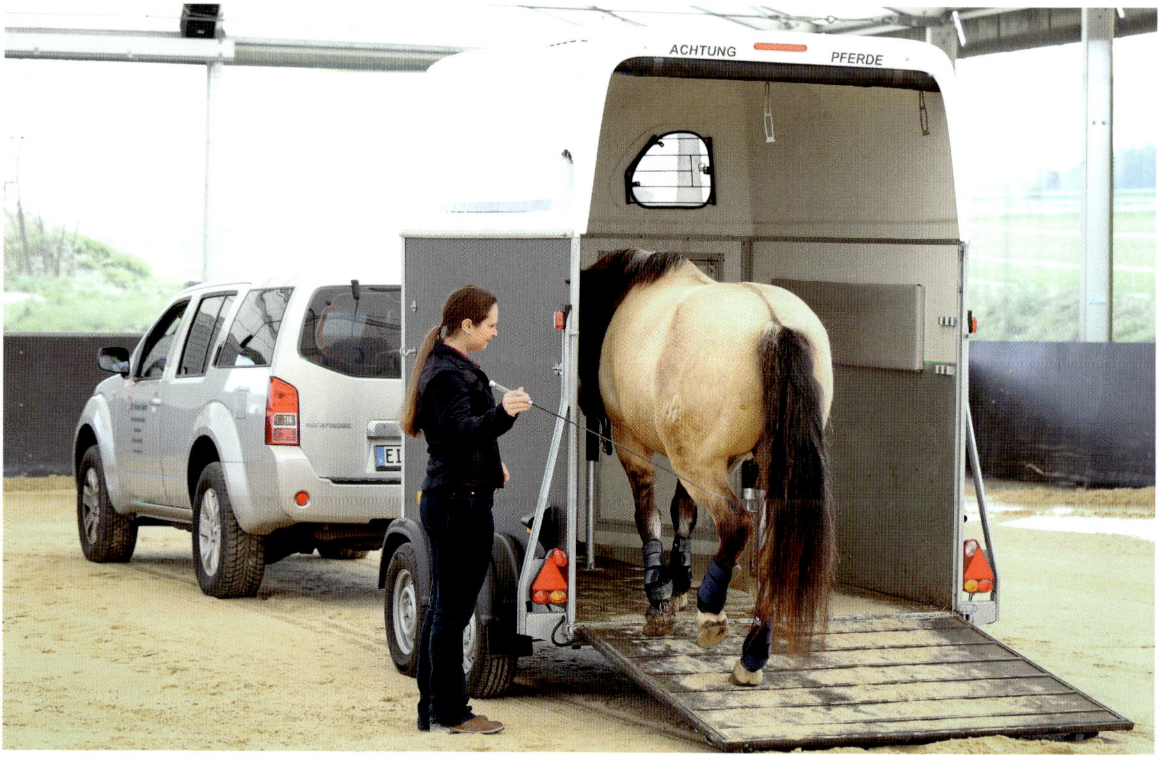

Geht man in Lernschritten vor und beachtet die Zone der nächsten Entwicklung, ist dies nicht nur ein Ziel, das Vertrauen und gute Vorarbeit beweist, sondern auch ein notwendiger Meilenstein, um unseren Pferden stets im Notfall mit einem Transport helfen zu können.

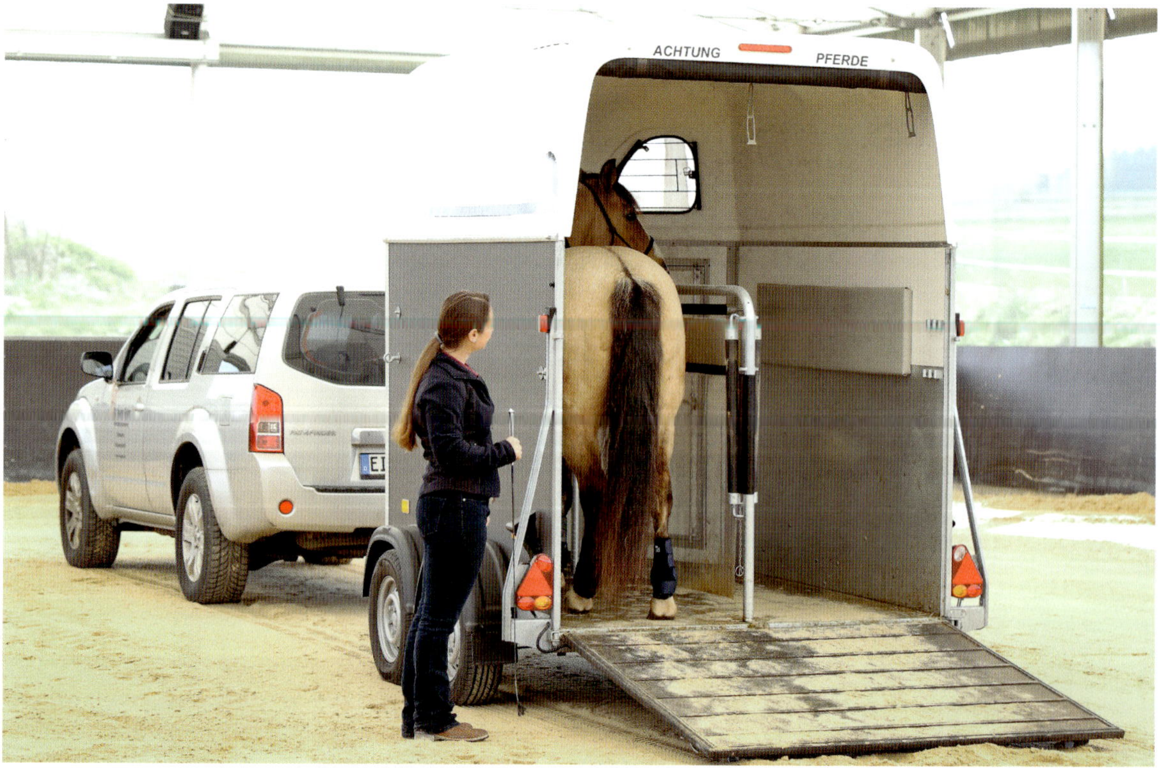

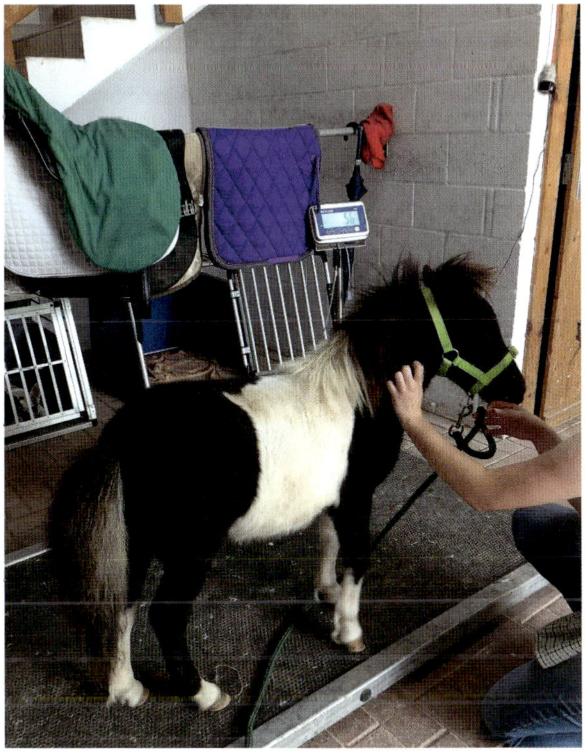

Eine Pferdewaage eignet sich bestens, um das Schicken auf einen Untergrund mit Hohlraum zu üben.

4. Reiten

Fürs Reiten eignen sich die vorhin besprochenen Hindernisse ebenfalls. Nur in den Hänger zu reiten, solltet ihr aufgrund der Verletzungsgefahr für alle Beteiligten unterlassen.

Über Brücken, die über ein Hindernis oder einen Abgrund führen, sollte man grundsätzlich möglichst mittig reiten, damit Pferd und Reiterin nicht Gefahr laufen, in den Abgrund zu fallen. Hat das Pferd bis hier hin alle Übungen zum hohlen Boden ohne Zögern oder Unsicherheit passiert, dann kannst du auch diese Brücken angehen.

Beispiele für »hohle Bodenverhältnisse«: Brücken, Pferdeanhänger, Pferdewaage, Podest, Wippe, Hängebrücke, Plane ...

5. Übungsvorschläge

Untergründe mit Hohlraum

Frei

Gestalte den Lebensbereich deines Pferdes so vielfältig wie möglich. Zeig ihm immer wieder neue Anreize, zum Beispiel indem du ihm ein Podest anbietest oder eine Plane (bitte nur unter Aufsicht) auf den Boden legst.

Solltest du die Möglichkeit haben, deinem Pferd eine kleine Brücke in den Auslauf zu stellen, dann mach das. Pferde finden sie interessant.

Führen

Du kannst dir einen Parcours mit unterschiedlichen Hindernissen aufbauen (Plane, Brücke, Podest, Wippe, Hängebrücke, Steg ...). Inspirationen findest du im Internet oder in einschlägigen Büchern bei Reiterrallyes, Trailreiten, Mountain Trail, Extreme Trail und vielen anderen.

Auf Spaziergängen kannst du dein Pferd auch über Brücken führen. Achte hier darauf, dass die Brücken euch tragen können. Brücken gibt es mit verschiedenen Untergründen, die sich unterschiedlich anfühlen und auch anhören. Das kann eine interessante Erfahrung sein.

Du kannst dein Pferd auch auf eine Pferdewaage führen oder Verladetraining machen.

Schicken	Klappt der Parcours gut, kannst du es auch mit dem Schicken versuchen. Horse Agility ist die Königsdisziplin in diesem Bereich.
Reiten	Beim Reiten kannst du dir ebenfalls einen Parcours aufbauen. Alternativ suchst du dir beim Ausritt Wege mit Brücken aus. Beim Reiten über Brücken gilt es achtsam zu sein. Sollte das Risiko bestehen, dass du und dein Pferd sich verletzen können, dann steig bitte vom Pferd und führe es möglichst mittig über die Brücke. Falls dein Pferd sehr unruhig hierbei ist, dann wähle besser einen anderen Weg, mit einer anfänger- und pferdefreundlicheren Brücke.

Unebenheiten

Unebenheiten schulen immens das Gleichgewicht und die Koordination der Pferde. Es ist darauf zu achten, dass die Gangart unbedingt der Situation angepasst werden sollte. Den größten Lernerfolg hat das Pferd dabei hauptsächlich im Schritt, da es hier Zeit hat, bewusst seinen Körper und seine Beine zu sortieren.

Suche dafür gezielt nach solchen Unebenheiten, nach Steigungen oder Abstiegen, nach Treppen, Gräben und so weiter, um diese mit deinem Pferd zu üben. Das Bewusstsein für den eigenen Körper und die Propriozeption, auf die wir später noch genauer eingehen werden, helfen den Pferden nachher beim Taxieren eines Sprunges, beim Sortieren ihrer Beine in Dressuraufgaben und um das Gefühl für die Hankenbeugung zu bekommen. Natürlich sind die Bewegungsabläufe bei späteren Lektionen noch anders, jedoch hat das Pferd dann bereits eine Idee der Bewegung. So versteht es danach schneller, was die Reiterin von ihm möchte.

Unebenheiten können Äste, Steigungen, Podeste, kleine Felsen oder Ähnliches darstellen. Bei Steigungen bietet es sich auch an, einige Schritte im Rückwärtsrichten zu machen. Hierbei kannst du deinem Pferd manche Bewegungsabläufe gezielter bewusst machen, indem es sich stärker strecken oder auch versammeln muss.

Übungen zu Unebenheiten

1. Freies Entdecken

Ein Paddock, der sowohl gerade Flächen als auch Steigungen beinhaltet, ist ideal für Pferde. Die Heuraufen oder Futterplätze sollten sich dabei, wenn möglich, auf den ebenen Flächen befinden, damit die Pferde in gerader Haltung beim Fressen stehen können. Sie sollten nicht über einen längeren Zeitraum eine Seite stärker

Ein vielfältig gestalteter Lebensbereich lässt Pferde auch Unebenheiten entdecken.

belasten müssen als die andere. Die Seite vom Pferd, die dem Hang zugewandt ist, wird durch die Unebenheit stärker belastet. Das bleibt auf der Ebene aus.

Es gibt auch Steigungen mit großen - speziell für Pferde - angelegten Treppen. Auch hierbei steht die Koordination der Bewegung im Vordergrund. Alte oder kranke Pferde haben mit leichten Steigungen meist weniger Probleme als angenommen. Das Treppensteigen kann ihnen allerdings schwerer fallen.

Viele Pferde können sich auch für Hügel oder Podeste begeistern, die sie erklimmen können, um einen besseren Rundumblick zu haben. Diese Erhöhungen dienen nur zur Beschäftigung und dem Erhalt des Wohlbefindens der Pferde. Sie müssen nicht überquert werden, um irgendwohin zu gelangen, im Gegensatz zu den meisten Steigungen, die sonst im Alltag überwunden werden. Einfache Bauanleitungen für Podeste kannst du ebenfalls im Internet finden. Hier gibt es Ideen mit Traktorreifen, Holzpaletten oder Ähnlichem. Aufpassen musst du allerdings bei Pferden mit Beschlag, damit sie nicht aus Versehen hängen bleiben oder ausrutschen.

Ein derart vielfältig gestalteter Paddock lädt die Pferde förmlich dazu ein, sich mit ihrem Körper und der Umwelt zu beschäftigen und so neue Erfahrungen zu machen.

Gemeinsam über Stock und Stein.

2. Führen

Ein Pferd über Unebenheiten zu führen gehört zum Alltag, wenn du es dir zur Gewohnheit machst, mit deinem Pferd an der Hand spazieren zu gehen. Das wird von vielen Reiterinnen belächelt, bietet aber eine gute Gelegenheit, gezielt verschiedene Bodenbeschaffenheiten zu erkunden und dabei sehen zu können, wie das Pferd seine Beine setzt. Es hilft auch, das nötige Vertrauen aufzubauen, um später mögliche Hindernisse vom Sattel aus stressfrei zu bewältigen.

Hinzu kommt, dass es für das Pferd eine ganz andere Situation ist, mit seinem Menschen gemeinsam nebeneinander die Herausforderung zu meistern, als wenn du als Reiterin auf seinem Rücken sitzt. Dies mag sich zunächst komisch anhören. Dennoch, wenn du es selbst gemacht hast, selbst spürst, was anstrengend ist und was nicht, wie der Schwerpunkt sich verändert, wenn du rückwärts einen Hügel hochgehst oder in Schlangenlinien läufst, dann hast du eine andere Verbindung zu deinem Pferd.
Unser Rat ist also, Wanderschuhe an und raus zum Spaziergang mit deinem Pferd! Am besten bleibst du dabei nicht nur auf den gepflasterten Wegen, sondern folgst auch verschlungeneren Pfaden – geht zusammen auf Entdeckungstour. Achte dabei immer auf deine örtliche Gesetzgebung, welche Wege du mit Pferd passieren darfst.

3. Schicken

Wenn du bereits ein paar Kilometer mit dem Pferd zu Fuß absolviert hast, dann merkst du schnell, dass das Schicken sich bei einigen steileren Hängen anbietet. An Stellen, wo das Pferd richtig klettern muss, ist es von Vorteil, wenn es dies am langen Strick tun kann und du an einem Ort stehen bleiben und ihm einen Anhaltspunkt geben kannst.

Hier gibt es zwei Möglichkeiten, die sich je nach Situation anbieten: Entweder du bleibst vor dem Hindernis stehen, schickst das Pferd vor, wartest, bis es das Hindernis überwunden hat, hältst es an und folgst ihm. Alternativ, hältst du das Pferd an, erklimmst selbst die Steigung, wartest oben und rufst dann das Pferd zu dir herauf. Dabei ist es wichtig, dass das Pferd selbst stehen bleibt, auch wenn du dich weiterbewegst. Eine sehr gute Grundlagenübung!

4. Reiten

Beim Reiten gilt das Gleiche wie beim Führen und Schicken. Versuche die Fähigkeiten deines Pferdes einzuschätzen, um es zu fordern, aber weder zu über- noch zu unterfordern. In der Pädagogik wird hierfür der bereits erwähnte Begriff der Zone der nächsten Entwicklung benutzt. Das, was das Pferd kann, braucht es nicht mehr zu lernen. Das, was zu schwer ist, überfordert es und das Lernen wird verhindert. Nur wenn es etwas schwerer ist als das, was es von sich aus bereits kann und wir ihm dabei helfen, kann es etwas dazulernen.

Beispiele für Unebenheiten: Äste, Steigungen, Podest, kleine Felsen, Hügel, Baumwurzelpfade ...

Solche Wege erfordern eine gute Trittsicherheit, was ein entsprechendes Training im Vorfeld voraussetzt.

Das ist bereits ein ziemlich steiler Abhang für Pferde, der einiges an Vertrauen und guter Vorarbeit verlangt.

Steigungen vom Sattel aus zu überwinden, schulen das gemeinsame Vertrauen und die Koordination und Kraft des Pferdes.

5. Übungsvorschläge

Übungen zu Bodenunebenheiten

Frei

Gestalte den Lebensbereich deines Pferdes so vielfältig wie möglich. Biete immer wieder neue Anreize, zum Beispiel, indem du einen Hügel anlegst, bewusst Steigungen mit einbaust oder dem Pferd immer wieder Äste anbietest.

Führen

Du kannst dir einen Parcours mit unterschiedlichen Bodenunebenheiten aufbauen, zum Beispiel mit Stangen, Gassen oder kleinen Cavalettis.

Am leichtesten kann man das Überwinden von Unebenheiten auf Spaziergängen üben. Verlasse immer wieder auch die dir schon bekannten Pfade, kraxele bewusst einen Hügel hinauf oder wähle den unebenen Waldweg. (Erkundige dich im Vorfeld, welche Wege du gehen darfst!)

Schicken

Klappt der Parcours gut, kannst du es auch mit dem Schicken versuchen. Wenn das Pferd noch oft mit den Hufen gegen die Unebenheiten stößt, dann musst du ihm mehr Zeit geben, um sich mit der Situation auseinanderzusetzen. Das bedeutet, zu einer langsameren Gangart zurückzukehren und dein Pferd ausgiebig schauen zu lassen.

Stangenarbeit kannst du auch mit deinem Pferd an der Longe, an der Doppellonge, am langen Zügel oder ganz frei machen. Dieses sind interessante Alternativen, die dem Pferd immer wieder einen neuen Blickwinkel aufzeigen.

Freispringen kann ebenso den Trainingsplan erweitern. Kläre hier bitte ab, ob dein Pferd springen darf und beginne möglichst einfach. Wichtig dabei ist hier eine gute Grundlagenarbeit am Boden und eine ausgiebige Aufwärmphase.

Reiten

Beim Reiten kannst du dir auch einen Stangenparcours aufbauen. Das müssen nicht unbedingt Sprünge sein, du kannst ebenso auf Bodenstangen, kleine Cavalettis, Gassen oder Ähnliches zurückgreifen. Sei kreativ, mache dir die Stärken und Schwächen deines Pferdes bewusst und baue darauf auf. In einer vollen Reithalle gestaltet sich das häufig schwierig. Finde Gleichgesinnte, die mit dir Dinge ausprobieren möchten oder gehe mit deinem Pferd ausreiten.

Suche dir beim Ausritt bewusst auch Wege aus, die uneben sind, Baumwurzelpfade, Hügel, insgesamt Wege, wo es auf und ab geht und die möglichst unbefestigt sind. (Erkundige dich auch hier im Vorfeld, auf welchen Wegen geritten werden dar!)

Wasser

Wenn der Boden unter ihren Füßen nachgibt, sind die meisten Pferde erstmal skeptisch und gehen sofort einige Schritte zurück, um sich die Beschaffenheit der Fläche anzusehen und daran zu riechen. Viele testen auch zunächst mit Scharren und einigen zaghaften Schritten, ob der Boden sie tragen kann oder ob hier Gefahren lauern.

Übungen Wasser

1. Freies Entdecken

Wasser ist wahrscheinlich das Element, das die Pferdewelt am meisten spaltet. Es gibt Pferde, die lieben es, im Wasser zu planschen, sich darin zu wälzen und damit zu spielen. Andere vermeiden Wasser so gut wie sie nur irgendwie können.

Wenn du die Möglichkeit hast, ist der freie Zugang zu einem flachen Gewässer für Pferde sehr interessant. Je nach ihren eigenen Vorlieben können sie es dann genießen. Bei Bachläufen musst du sehr vorsichtig sein, denn hier kann es dazu kommen, dass der morastige Boden nachgibt und das Pferd einsackt, sodass es selbst nicht mehr herauskommen kann. Der Untergrund muss also so beschaffen sein, dass die Pferde noch problemlos Halt haben.

Am geeignetsten ist es, wenn nur eine sehr schwache Strömung vorhanden ist. Diese ermöglicht eine frische Wasserzufuhr, ohne jedoch

Freies Entdecken am Element Wasser.

Diese Begeisterung fürs Wasser teilen nicht alle Pferde.

die Pferde in Bedrängnis zu bringen. Ein kleiner Teich, welcher von einem Bach gespeist wird, eignet sich dafür hervorragend.

Ein Pferd, das mit freiem Zugang zu einer Wasserfläche aufwachsen kann, wird sich nicht mehr scheuen, ins Wasser zu gehen und kann seine eigenen Fähigkeiten im Wasser besser einschätzen. Dies kann nützlich sein bei Überschwemmungen, die leider in letzter Zeit häufiger auftreten, oder bei der Überquerung von seichtem Gewässer im Gelände. Für manche Pferde stellt bereits eine Pfütze eine große Herausforderung dar. Für diese Kandidaten wäre solch eine frei zugängliche Wasserfläche sehr wertvoll.

2. Führen

Wenn du keine solche Wasserstellen zur Verfügung hast, dann kannst du dir auch mit Pfützen oder Bächen im Gelände behelfen. Viele Menschen und manche Pferde mögen die regenreichen Jahreszeiten nicht so gerne. Hier kann es eine Bereicherung für Pferd und Mensch sein, sich die Auseinandersetzung mit Pfützen auf den Trainingsplan zu setzen. Dies kann zusätzlich zum regulären Training geschehen und bietet Abwechslung für die geistige Wahrnehmung des Pferdes.

Mit wasserscheuen Kandidaten sollte man starten, wenn es nicht regnet. Die Tropfen auf der Wasseroberfläche könnten die Pferde zusätzlich verunsichern. Breite und flache Pfützen eignen sich für den Einstieg am besten, da hier die

Pferde nicht direkt daran vorbeilaufen können und auch nicht den Drang verspüren, darüber zu springen. Falls die Pfütze auf einem Weg liegt, haben die Pferde eine größere Motivation, sie zu überqueren. Für diese Art Training sollte man geeignete Kleidung, wasserfestes Schuhwerk und eine Regenjacke anziehen. Eine wasserdichte Hose ist auch zu empfehlen. Wasserspritzer werden sicherlich vorkommen. Das Pferd sollte ein Halfter mit einem langen Strick tragen, um genug Freiraum zu haben und nicht zu nahe am Menschen zu sein.

Der Mensch sollte zu Beginn viel Zeit mitbringen, um weder sich, noch das Pferd unter Druck zu setzen. Es ist wichtig, dem Pferd die nötige Zeit zu lassen, um sich mit dem Wasser auseinanderzusetzen. Das Pferd soll aus dieser Erfahrung lernen und über seine Handlungen nachdenkt. Das ist das Ziel. Das funktioniert nicht in einer stressigen Situation, in der mit Druck und Zwang gearbeitet wird.

1. Ein erster Schritt wäre, das Pferd am Wasser riechen zu lassen. Oft macht es danach wieder ein paar Schritte rückwärts, was der Pferdemensch auch tolerieren sollte. Ein kopfloses Wegrennen sollte unterbunden werden. Das Pferd sollte sich mit dem Wasser beschäftigen, es beriechen, mit den Hufen ertasten und darüber nachdenken. Diese Denkpausen sind sehr wichtig und sollten ihm unbedingt gestattet werden, um den Lernerfolg zu garantieren.

2. Wenn das Pferd daran gerochen hat und seine Erfahrungen überdenken konnte, dann sind die meisten Pferde dazu bereit, mit dem Huf das Wasser zu ertasten. Das Pferd als Fluchttier erkundet so, ob Gefahren im Gewässer lauern wie beispielsweise Tiere oder auch wie tief das Wasser ist und wie der Untergrund beschaffen ist. Nach dem ersten Kontakt gehen die Pferde oft nochmals rückwärts, was ihnen ebenfalls gestattet werden sollte. Gib dem Pferd danach wieder Zeit für eine Denkpause.
Dieser Vorgang kann sich einige Male wiederholen, was auch absolut in Ordnung für den Menschen sein sollte. Geduld ist hier das A und O, auch wenn es schwerfällt. Merkt man, dass das Pferd geistig müde wird oder es nicht mehr weiterkommt, ist es Zeit, die Übung zu beenden. Es ist ratsam, am Ende der Übung noch einen positiven Moment für das Pferd herbeizuführen, zum Beispiel indem es sich nochmals in Ruhe dem Wasser nähern darf. Wir wissen aus eigener Erfahrung, dass wenn der Kopf voll mit Informationen ist, wir nichts Neues mehr aufnehmen können. Also lieber diese Situation mit etwas Gutem beenden, das Gelernte abspeichern und an einem anderen Tag weitermachen.

3. Es kann sein, dass beim nächsten Mal das Pferd zunächst wieder skeptisch ist und mit dem Beriechen beginnt. Das ist normal, denn das Wasser hat sich sicher verändert. Du wirst jedoch schnell merken, dass das Pferd weniger Zeit benötigt als beim ersten Mal. Auch sehr erfahrene Pferde können diese Strategien immer wieder anwenden, um sich von der Ungefährlichkeit des Wassers zu überzeugen.

Das Beriechen und Untersuchen der Wasserstelle lässt das Pferd mit der Situation umgehen und fördert die Einschätzung der neuen Erfahrung.

4. Ein nächster Schritt wäre, dass das Pferd einen Vorderhuf ins Wasser setzt. Auch hier gilt: einige Schritte rückwärts und Denkpausen sind ausdrücklich erlaubt. Nach dem ersten Schritt folgt oft das zweite Vorderbein. Das ist wiederum ein Moment, in dem viele Pferde eine Pause benötigen. Hier kannst du entweder diese Trainingseinheit beenden oder deinem Pferd eine längere Denkpause gestatten.

5. Die letzte Phase betrifft die Hinterbeine und das Durchqueren der Wasserstelle. Die meisten Pferde wollen, sobald ihre Hinterhand im Wasser ist, die Wasserstelle sofort durchqueren. Der Mensch sollte hierbei das Pferd durch das Wasser begleiten bis zur anderen Seite.

Bei ängstlichen Pferden sollte man versuchen, in einem zügigen Schritttempo zu gehen, das nimmt dem Pferd den Druck. Man geht entspannt, aber zügig und lässt es es diese erste Erfahrung machen. Auf der anderen Seite sollte das Pferd ausgiebig gelobt werden und Zeit bekommen, dieses Erlebnis zu verarbeiten.

Bei dieser Übung gilt, dass der Mensch mit ins Wasser gehen sollte. Wenn das Pferd merkt, dass sein Mensch ebenso das Wasser meidet, dann wird es oft noch skeptischer. Deshalb an die wasserfeste Kleidung denken. Nimm dir Zeit für diese Übung. Diese Zeit wirst du in den nächsten Jahren von deinem Pferd wieder geschenkt bekommen, wenn es gelernt hat, durchs Wasser zu

Mit einem guten Wassertraining sind solche Ritte ein Genuss für Pferd und Reiter.

gehen und dir zu vertrauen. Beim Führen solltest du wie immer darauf achten, seitlich neben deinem Pferd zu bleiben, um nicht aus Versehen umgerannt zu werden. Bleib immer vorne-seitlich vom Pferd und lasse ihm genügend Freiraum. Hier hilft ein längerer Strick.

Klappt die Übung nicht, traut sich das Pferd nicht ans Wasser heran oder scheint es sich selbst nicht überwinden zu können? Dann heißt es ruhig zu bleiben und dem Pferd die Zeit zu lassen, die es braucht. Das muss nicht alles an einem Tag absolviert werden. Motiviere es, fordere es auf, sich damit zu beschäftigen, gehe selbst einmal durch das Wasser, um ihm zu zeigen, dass es in Ordnung ist. Dann musst du Geduld haben und ihm zeigen, dass es dir vertrauen kann, dass du es nicht überforderst, sondern bei ihm bleibst, wenn es schwierig wird. Wenn es überhaupt nicht klappt, befindet sich diese Übung noch nicht in der Zone der nächsten Entwicklung deines Pferdes, sondern in dem Bereich, in dem es zu schwierig für es ist. Überlege dir Teilschritte, andere Übungen mit unterschiedlichen Untergründen und Sinneserfahrungen, um deinem Pferd die Möglichkeit zu geben, sein Lernen so zu erweitern, dass eine Wasserdurchquerung irgendwann möglich wird.

Das hier Gelernte könnt ihr beide dann auf die Wasser-Situation übertragen. Eine schwierige Situation durch andere einfachere vorzubereiten, schult das Vertrauen zueinander und wird dabei helfen, die eigentliche Herausforderung zu meistern.

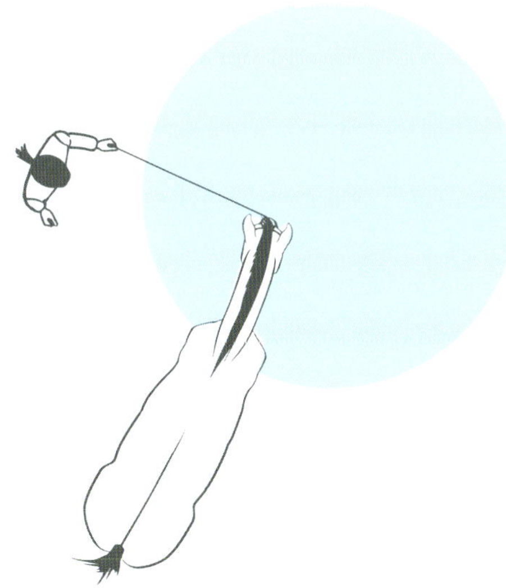

So kann ich mein Pferd durchs Wasser schicken.

3. Schicken

Ein Pferd durch das Wasser zu schicken ist wesentlich angenehmer für den Menschen, da er hier nicht selbst mit durch das Wasser geht. Du bleibst selbst am Rand stehen und schickst dein Pferd in einer geraden oder gebogenen Linie durch die Wasserstelle hindurch.

Hier ist es wichtig, dass das Führen gut funktioniert und das Pferd bereits ein paar Erfahrungen mit verschiedenen Wasserstellen sammeln konnte. Dann klappt dies auch meist auf Anhieb. Auch hierbei gilt: Das Pferd braucht ausreichend Zeit, um das Wasser zu testen. Druck ist auch an dieser Stelle kontraproduktiv. Es sollte im Schritt begonnen werden.

Ein teilweise überschwemmter Reitplatz eignet sich hierfür ganz besonders. Dann kann der Mensch das Pferd ggf. durch das Wasser longieren, nachdem es Zeit hatte, es zu erkunden.

Auch beim Durchreiten von Wasser gilt, dass das Erkunden der Wasserstelle die Selbstwirksamkeit und das Abschätzen der Situation fördert.

Das Berühren und Erfühlen der Tiefe mit den Vorderhufen (oben) ist ein wichtiger Zwischenschritt, um dann auch die Hinterhufe ins Wasser setzen zu können (unten).

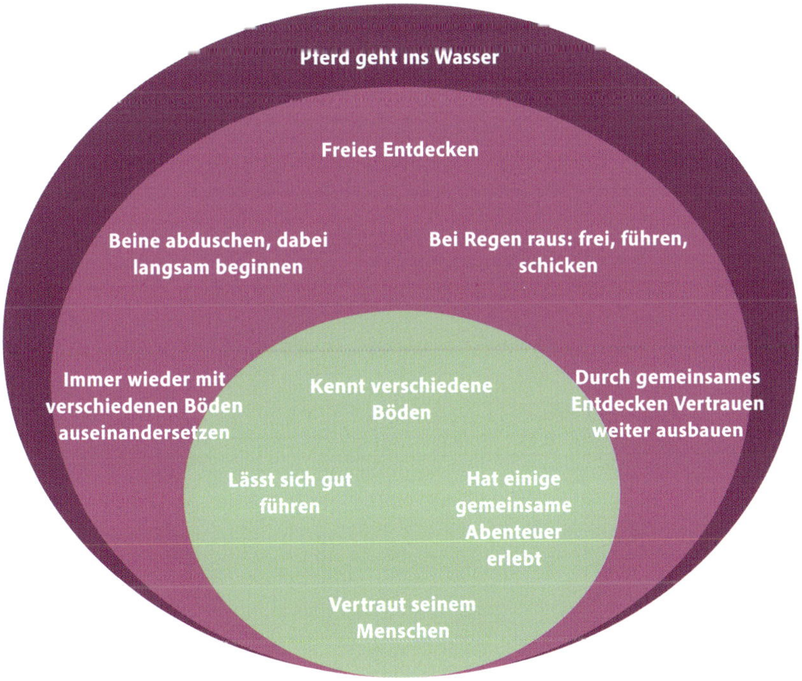

Wasser stellt noch eine Herausforderung für dich und dein Pferd dar. Was könnt ihr schon? Was wären die nächsten Schritte, um euer Ziel zu erreichen? Ermittle eure Zone der nächsten Entwicklung und ermögliche deinem Pferd somit sinnvolles Lernen.

Wenn es im Schritt funktioniert, dann kannst du es auch im Trab und Galopp versuchen, wenn der Boden dies zulässt und nicht zu tief oder rutschig ist. Zu beachten ist, dass nach einem Handwechsel das Pferd wiederum Zeit braucht, um sich das Wasser anzusehen.

Wenn auch Fahrprüfungen vom Pferd absolviert werden sollen, so ist es wichtig, es an so viele Wasserstellen wie möglich zu gewöhnen. So kannst du gewährleisten, dass das Fahrpferd sicher und voller Vertrauen die Kutsche durch die Wasserhindernisse ziehen wird.

4. Reiten

Wenn Führen und Schicken ohne Probleme funktionieren, dann dürfte auch das Reiten kein Problem sein. Zunächst, wie bereits gewohnt, dem Pferd die Zeit lassen, das Wasser zu erkunden, dann kannst du hindurchreiten. Wenn dies gut im Schritt funktioniert, kann es auch im Trab und Galopp versucht werden. Je tiefer das Wasser, desto mehr Kraftaufwand fürs Pferd und desto schwieriger wird es in schnelleren Gangarten. Natürlich solltest du darauf achten, dass die Bodenbeschaffenheit im und um das Wasser schnellere Gangarten zulässt.

Strebt die Reiterin eine Vielseitigkeitsprüfung an, so sollten, ähnlich wie beim Fahrpferd, viele verschiedene Wasserstellen ausprobiert werden. So lernt das Pferd das nötige Vertrauen in seine Reiterin, dass sie weiß, ob das Wasser passierbar ist oder nicht. Dies ist notwendig, da es in der Prüfung ja nicht möglich ist, das Wasser erstmal zu begutachten, sondern direkt hineingesprungen oder -galoppiert wird.

Nicht immer ist ein Strandritt möglich, in dem Fall tut es auch ein anderes Gewässer oder auch eine große Pfütze. (Privatbild von einem Trailritt aus Portugal mit Lusitano Trail Rides)

5. Übungsvorschläge

Übungen mit Wasser

Frei

Gestalte den Lebensbereich deines Pferdes so vielfältig wie möglich. Lass es den Regen erfahren bring es raus, sobald es Pfützen gibt. Du solltest es vermeiden, dein Pferd ungeschützt dem Regen auszusetzen, ein Unterstand sollte vorhanden sein.

Eine Wasserstelle im Auslauf, die von den Pferden genutzt werden kann, ist natürlich ideal.

Führen

Führe dein Pferd auch durch Pfützen. Wie vorhin erklärt, solltest du anfangs selbst durch die Pfützen laufen.

Klappt dies gut, ist auch fließendes Gewässer möglich oder die Erfahrung von Wellen am Strand.

Rehabilitationsmöglichkeiten und zusätzliche Trainingsanreize bietet ein Spa für Pferde oder ein Aquatrainer.

Schicken

Steht der Reitplatz unter Wasser und es ist vom Stallbesitzer erlaubt, kannst du dein Pferd auch durch die Pfützen longieren. Die meisten Pferde finden Freude daran und zeigen besonders ausdrucksstarke Gänge, da sie so mehr Wasser aufspritzen lassen können.

Beim Fahrsport gehört ein Wasserhindernis dazu. Aus diesem Grund ist es besonders nützlich, dies bewusst zu trainieren.

Reiten

Reiten kannst du auch durch Pfützen, durch Bäche, in einen See hinein oder ins Meer. Baue dies schrittweise auf und dein Pferd wird kein Problem mit dem Wasser haben. Manche ausgewiesene »Wüstenprinzen« tun sich schwer mit diesem Element, können jedoch lernen hindurchzulaufen, sollte es erforderlich sein.

Auch in Geländeprüfungen oder auf Wanderritten kannst du auf Wasserhindernisse stoßen. Es lohnt sich, wenn du dich mit deinem Pferd mit dem nassen Element auseinandersetzt.

Wetterbedingungen und Temperatur

Pferde sind von Natur aus Lebewesen, die sich sehr gut unterschiedlichsten Wetterbedingungen und Temperaturen anpassen können. Hier musst du jedoch bedenken, dass diese Anpassungsfähigkeit auch sehr stark von den Haltungsbedingungen und teilweise auch von der Rasse eingeschränkt werden können. Individuelle Unterschiede gilt es hierbei zudem zu beachten. Wie immer gilt es auch hier nicht zu pauschalisieren. Natürlich haben kranke und/oder alte Pferde zum Teil andere Bedürfnisse und auf diese sollte individuell eingegangen werden.

Wärme und Kälte

Das Fell der Pferde ist in der Tat ein bemerkenswertes Merkmal, das es ihnen ermöglicht, sich effektiv an verschiedene Temperaturen anzupassen. Hier einige Aspekte der Anpassungsfähigkeit des Pferdefells:

1. **Winter- und Sommerfell:** Pferde haben die Fähigkeit, ihr Fell im Laufe des Jahres zu verändern. Im Winter wachsen längere und dichtere Haare, um sie vor Kälte und Nässe zu

schützen. Im Sommer werfen sie dieses Winterfell ab und entwickeln ein leichteres und kürzeres Sommerfell.

2. **Haaraufrichtung:** Pferde können ihre Haare aufstellen, insbesondere bei Kälte. Dies hilft, eine isolierende Luftschicht zu schaffen, die den Körper vor Kälte schützt. Durch das Aufstellen der Haare kann das Pferd die Wärme besser halten.

3. **Schwitzen:** Pferde haben die Fähigkeit zu schwitzen, um sich bei Hitze abzukühlen. Das Schwitzen ist eine wichtige Methode, um überschüssige Wärme abzuleiten und den Körper zu kühlen.

Diese Anpassungsfähigkeiten des Fells ermöglichen es Pferden, in verschiedenen Klimazonen und Witterungsbedingungen zu überleben und sich wohlzufühlen. Sie sind ein wichtiger Bestandteil der natürlichen Überlebensstrategien der Pferde und zeigen, wie gut sie an ihre Umwelt angepasst sind.

Übungen zu Wärme und Kälte

1. Freies Entdecken

Allgemein gilt, dass ein Pferd, das so viel Zeit wie möglich draußen in Bewegung verbringt, sich optimal an diese Umstände anpassen kann. Es weiß, wie es sich am besten verhält und stellt sich zum Beispiel mit der Hinterhand in den Regen oder bei praller Sonne in den Schatten. Diese Möglichkeiten werden ihm genommen, wenn es einen Großteil des Tages im Stall verbringt, vielleicht sogar kein Tageslicht sehen kann oder die Temperatur das ganze Jahr über fast konstant bleibt. Eine Decke kann dem Pferd helfen, nimmt ihm jedoch stark seine Fähigkeit, sein Fell aufzurichten, um sich zu wärmen. Zusätzlich fühlt es auch weniger über die Haut und wird in seiner Wahrnehmung und Bewegung eingeschränkt. Für die verschiedenen Haltungsmethoden gibt es Vor- und Nachteile, die für jedes einzelne Pferd abgewogen werden sollten. Als Richtlinie gilt: Pferde gehören an die frische Luft, mit Artgenossen, reichlich Raufutter, ständiger Bewegung, frischem Wasser und verschiedenen Anreizen und Möglichkeiten, wie bereits in den vorherigen Kapiteln erwähnt wurde.

2. Führen

Spaziergänge ermöglichen den Pferden, ihre Umgebung weiter zu erkunden. Diese können und sollten auch bei jedem Wetter mit der entsprechenden Kleidung und Ausrüstung unternommen werden. Die Devise gilt: Es gibt kein schlechtes Wetter, nur schlechte Kleidung!

Wenn es kalt ist, eignen sich Spaziergänge ganz besonders. Hier bleibt auch der Mensch durch die Bewegung warm. Beim Reiten ist dies häufig schwierig, da bei Kälte gefrorene Böden oft nur Schrittreiten ermöglichen und es dem Menschen schnell kalt wird. Bei Nebel, Schneefall oder schlechter Sicht achte bitte auf Leuchtartikel und warme Winterjacken.

Ist es dagegen sehr warm, kann ein Spaziergang in den kühlen Wald guttun. Ist die Fliegen- und Bremsenbelastung groß, helfen Fliegendecken und -hauben.

Diese Herde scheint die Klimareize gelassen hinzunehmen.

Dieses Paar scheint sich der Umwelt anzupassen und die Reize zu genießen.

Der starke Eigengeruch von Fliegenspray könnte womöglich die olfaktorische Wahrnehmung des Pferdes einschränken. Achte außerdem beim Gebrauch von Fliegensprays darauf, dass sie frei von chemischen Zusatzstoffen sind. Wichtig ist, dass Pferd und Mensch sich wohlfühlen, frei nach dem Motto: »So viel wie nötig, so wenig wie möglich.«

3. Schicken

Das Schicken kann wie bei anderen Spaziergängen auch mit einbezogen werden. Es gelten keine spezifischen Regeln für hohe oder niedrige Temperaturen.

4. Reiten

Wie bereits beim Führen beschrieben, ist es oft angenehmer, das Pferd im Winter spazieren zu führen, da der Mensch selbst auch warm bleibt. Hinzu kommt, dass uns Menschen im Winterhalbjahr oft die nötige Bewegung fehlt und uns die Spaziergänge ebenfalls guttun.
Im Sommer empfinden es dagegen viele als angenehmer zu reiten. Gibt es flache Wasserstellen in deiner Nähe, so laden diese zum Planschen ein. Beachten solltest du jedoch, dass es dem Pferd heißer wird durch das Tragen von Sattel, Zaumzeug und Reiterin. Hier gilt es den Allgemeinzustand des Pferdes im Auge zu behalten, um eine Überanstrengung zu vermeiden. Bei schneller Atmung, starkem Schwitzen oder anderen Auffälligkeiten bitte sofort unterbrechen und das Pferd versorgen! Gemütliche Ausritte in den frühen Morgen- oder späten Abendstunden können für Reiterin und Pferd sehr angenehm sein.

5. Übungsvorschläge

Übungen zu Wetterbedingungen und Temperatur

Frei	Ermögliche es deinem Pferd, so viel wie möglich draußen zu sein und die wechselnden Temperaturen zu spüren. Decke dein Pferd also nur ein, wenn es dies auch benötigt und lass es so viel wie es geht auf den Paddock oder die Weide.
Führen	Spaziergänge tun bei jedem Wetter gut! Die richtige Kleidung macht es aus. Im Winter hilft es dir, warm zu bleiben und im Sommer tust du deinem Pferd einen Gefallen, bei heißen Temperaturen nicht das gesamte Sattelzeug und dich tragen zu müssen. Nur bei Sturm oder Gewitter solltest du dich nicht absichtlich draußen aufhalten. Ein Solarium oder eine Pferdesauna können Möglichkeiten sein, um andere Temperaturen zu erfahren. Kühlgamaschen bieten die Erfahrung von Kälte mit den jeweiligen körperlichen Reaktionen. Je nach Gesundheitszustand können diese sehr nützlich für die Regeneration sein.

Schicken	Schicken ist immer eine weitere gute Abwechslungsmöglichkeit. Schlittenfahren wird bei entsprechender Ausbildung zu einem unvergesslichen Erlebnis.
Reiten	Reiten kannst du auch bei unterschiedlichen Temperaturen. Beachte dabei immer den Zustand deines Pferdes und natürlich deinen eigenen. Ihr dürft gerne aus eurer Komfortzone ausbrechen, solltet jedoch in eurer Zone der nächsten Entwicklung bleiben.

Regen und Schnee

Regen und Schnee gehören in unseren Breitengraden zu den normalen Wetterverhältnissen, wobei es wesentlich mehr regnet als schneit ... Hier kannst du individuelle Unterschiede bei den Pferden beobachten. Viele Pferde lieben es, im Schnee zu toben, ihre Nase hineinzustecken und sich zu wälzen.

Regen kommt bei den meisten Pferden nicht so gut an. Ein Sommerregen verschafft ihnen jedoch Erleichterung bei hohen Temperaturen und vertreibt die nervenden Insekten für eine Weile.

Die Reaktionen der Pferde auf Regen und Schnee können in der Tat sehr individuell sein und hängen von verschiedenen Faktoren ab, einschließlich ihrer Persönlichkeit, Erfahrungen und Vorlieben. Einige Pferde mögen es, draußen zu sein und sich im Regen zu bewegen, während andere lieber Schutz suchen. Ein verantwortungsbewusster Umgang mit Pferden beinhaltet, sicherzustellen, dass sie angemessen vor extremen Wetterbedingungen geschützt sind und die Möglichkeit haben, sich unterzustellen.

Übungen zu Regen und Schnee

1. Freies Entdecken

Wie bereits beschrieben, lädt eine schöne Schneedecke förmlich zum Spielen ein. Die Pferde genießen dann die weiße Pracht. Bei beschlagenen Pferden gilt es, darauf zu achten, einen Hufschutz anzubringen, der das Aufstollen des Schnees verhindert. Pferde, die barhuf laufen, haben meistens keine Probleme und auch besseren Grip.

Regen und Schnee verändern die Geräuschkulisse erheblich. Sind die Pferde durch den Aufenthalt im Freien an das »Zisch«-Geräusch der Autos, die schnell über nasse Straßen fahren, gewöhnt, so werden sie auch in Begleitung ihres Pferdemenschen wesentlich cooler reagieren.

Pferde haben auch Freude im Schnee.

2. Führen

Spaziergänge im Schnee bringen Pferd und Mensch in Schwung. Hier auch auf geeignete Kleidung und Leucht- oder reflektierendes Equipment achten! Hinzu kommt, dass man bei Schnee stärker befahrene Straßen meiden sollte, da Autos ins Rutschen geraten könnten. Oft ist es jedoch gerade bei Schneefall sehr ruhig in den Dörfern und du kannst davon profitieren, um mit deinem Pferd rauszugehen und ihm neue Eindrücke zu vermitteln.

Du musst bedenken, dass die Schneedecke die Geräuschkulisse verändert und auch Gerüche sind anders wahrnehmbar. Ein Pferd braucht diese Eindrücke, um sie verarbeiten und daraus lernen zu können.

Wenn du auf stark mit Streusalz belasteten Wegen unterwegs bist, solltest du darauf achten, zum Schluss mit dem Pferd nochmal durch den dicken Schnee zu gehen oder aber die Hufe kurz nass abzuwischen. Streusalz tut den Hufen nicht gut und sollte aus diesem Grund nur in Maßen im Bereich der Pferde verwendet werden. Hier gibt es einige natur- und tierfreundliche Alternativen.

3. Schicken

Fürs Schicken gilt das Gleiche wie beim Führen bei Regen und Schnee. Sei verantwortungsvoll und schicke dein Pferd nur durch Stellen mit guter Haftung, wenn du im Bereich des rutschigen Untergrundes noch nicht allzu oft geübt hast.

Dieses Pferd lässt sich von den Regentropfen massieren.

4. Reiten

Reiten im Regen ist weder für das Pferd noch für den Reiter angenehm. Außerdem ist er auch nicht sehr zuträglich für die Ausrüstung aus Leder. Dennoch ist es wichtig, dass auch kurze Strecken im Regen zurückgelegt werden können. Hier stellt oft allein das Rascheln des Reitregenmantels das Pferd vor große Herausforderungen. Es ist wichtig, dass du es an das Aus- und Anziehen der Regenausrüstung gewöhnst.

Dagegen kann Reiten im Schnee eine sehr schone und bereichernde Erfahrung sein! Wenn das Pferd den Schnee durch freies Entdecken und Spaziergänge kennt, so wird es auch diese Herausforderung gut meistern. Es hilft, wenn das Pferd sich in seiner Freizeit genügend frei bewegen kann, damit nicht ein zu großer Bewegungsmut dazu führt, dass es doch einmal ausrutscht. Im Allgemeinen stellt dies jedoch kein Problem dar und es können so magische Erlebnisse entstehen. Auf den korrekten Schneeschutz bei Pferden mit Hufeisen sollte geachtet werden. Barhufer haben eigentlich selten Schwierigkeiten.

Übungen zu Regen und Schnee

Frei	Ermögliche es deinem Pferd, so viel wie es geht draußen zu verbringen und die wechselnden Temperaturen zu fühlen. Decke dein Pferd also nur ein, wenn es dies auch benötigt und lass es so viel wie möglich auf den Paddock oder die Weide.
Führen	Spaziergänge tun bei jedem Wetter gut! Die richtige Kleidung macht es aus.
Schicken	Schicken ist immer auch eine gute Möglichkeit. Bei Regen kannst du Wasserpfützen trainieren und bei Schnee den tieferen Boden. Schlittenfahren mit Pferd ist bei entsprechender Ausbildung ein unvergessliches Erlebnis.
Reiten	Reiten im Regen ist wie bereits erwähnt nicht so förderlich für das Material aus Leder. Kurze Strecken stellen kein Problem dar. Viele Pferde und Reiterinnen lieben einen Ausritt im Schnee. Beachte, dass Schnee unter den Hufen aufstollen kann, sollte dein Pferd beschlagen sein.

Dunkelheit und Nebel

Dunkelheit und Nebel sind Umgebungsbedingungen, die Pferde oft verunsichern. Aufgrund ihrer instinktiven Natur als Fluchttiere stellen diese Bedingungen besondere Herausforderungen für Pferde dar. Im Dunkeln und in dichtem Nebel wird die Sicht der Pferde stark eingeschränkt, was zu Angst und Unsicherheit führen kann.

Die Dunkelheit verändert die Wahrnehmung des Pferdes erheblich. Sein ausgezeichnetes Dämmerungssehen ermöglicht es ihm normalerweise, bei schlechten Lichtverhältnissen gut zu sehen.

Winterlandschaft zu Pferd entdecken.

In absoluter Dunkelheit können Pferde jedoch nur begrenzt erkennen, was vor ihnen liegt. Dies führt zu erhöhter Anspannung und Vorsicht, da sie in der Natur leichte Beute für Raubtiere sein könnten.

Nebel verschärft dieses Problem weiter, indem er nicht nur die Sicht einschränkt, sondern auch Geräusche dämpft und die Umgebung verändert und unwirklich erscheinen lässt. Das plötzliche Auftauchen von Objekten im Nebel kann Pferde erschrecken. Zudem ist der Nebel feucht und kalt, was die Empfindungen der Pferde beeinflusst und ihre Nervosität steigern kann.

Pferde reagieren in der Dunkelheit und im Nebel empfindlicher auf ungewohnte Geräusche und unerwartete Bewegungen. Um mit Pferden sicher in solchen Bedingungen umzugehen, ist es wichtig, Geduld zu zeigen und Vertrauen aufzubauen. Der Einsatz von Stimmhilfen und das schrittweise Gewöhnen an diese Umgebungsverhältnisse können dazu beitragen, die Unsicherheit bei Pferden zu verringern und ihre Angst zu mildern. Eine gewisse Souveränität lässt sich auch in dieser Situation trainieren.

Beachten sollte man, dass abrupte Unterschiede in den Lichtverhältnissen Pferde stark verunsichern, da ihre Augen länger brauchen, um sich wechselnden Lichtverhältnissen anzupassen. Wenn du das Licht in der Reithalle ausmachst und dann über den dunklen Hof zum Putzplatz gehst, kann es sein, dass dein Pferd viel vorsichtiger oder »tollpatschiger« als sonst ist. Es dauert einige Minuten, bis die Pupillen sich weiten und es wieder besser sehen kann.

Übungen in Dunkelheit und Nebel

1. Freies Entdecken

Pferde, die im Offenstall, Aktivstall oder Paddock-Trail leben, kennen Dunkelheit und Nebel aus ihrem Lebensalltag. Sie lernen sich zu orientieren, damit umzugehen und vertrauen stärker auf ihre anderen Sinne. Dies stellt eigentlich kein Problem für diese Pferde dar.

Pferde, die in einer Box leben oder nachts aufgestallt werden, machen diese Erfahrung nur zum Teil. Auch im Stall wird es dunkel, jedoch bewegen sie sich deutlich weniger und sind somit in ihrem Erleben eingeschränkt.

2. Führen

Für alle Pferde, die nicht frei die Dunkelheit und den Nebel entdecken können, eignen sich Spaziergänge sehr gut. Auch für die viel draußen lebenden Pferde ist es eine neue Erfahrung, mit seinem Menschen die geschützte Herde zu verlassen und gemeinsam diese Sichtverhältnisse zu entdecken.

Du kannst hier langsam beginnen und erstmal eine kleine Runde über den Hof drehen. Oft

Freies Entdecken von Dämmerung und Dunkelheit.

Weitsicht

Weitsicht ist wichtig für Pferde. Das Pferd ist ein sozial lebendes Steppentier, das in großen Habitaten viele Kilometer am Tag zurücklegt. In der Natur lebt es in einer übersichtlichen Umgebung mit viel Weitsicht und Überblick über seine Umgebung. Durch ein sehr gutes **peripheres Sehen** kann es Bewegung auf weite Distanzen ausmachen und sich so vor Gefahr und Angreifern schützen. Für das Pferd bedeutet es also von Natur aus Sicherheit, wenn es seine Umgebung beobachten und Geschehen abschätzen kann. Nehmen wir Pferden diese Weitsicht und damit das Gefühl, sich sicher zu fühlen, greifen wir negativ in die Gefühlswelt des Pferdes ein. Dieses Empfinden von Unsicherheit kann schon am Anbindeplatz vor einer unübersichtlichen Wand, in einer Stallgasse, einer engen Box oder im Pferdeanhänger entstehen. Wichtig ist es, dass wir uns in die emotionale Lage des Pferdes hineinversetzen können und ihm helfen, diese Situationen, die wir Menschen von ihm fordern, nach und nach zu erlernen, zu verstehen und positiv zu bewältigen.

reichen bereits 10 Minuten, um neue Erfahrungen zu sammeln. Ein Spaziergang, der bei Tageslicht beginnt, durch die Dämmerung bis in die Dunkelheit hineingeht, bietet einen besonderen Reiz. Vollmondspaziergänge oder Spaziergänge in den frühen Morgenstunden ermöglichen besondere Erfahrungen – auch für den Pferdemenschen.

Ein Spaziergang in der Dämmerung oder Dunkelheit kann Pferde zunächst verunsichern. Kleine gemeinsame Runden auf möglichst unbefahrenen Wegen stärken das gemeinsame Sicherheitsempfinden.

Du solltest keine starken Lichtquellen mitnehmen. Die Augen von Pferd und Mensch können sich an die schlechten Sichtverhältnisse gewöhnen und du kannst dich schnell wieder gut orientieren. Starke Lichtquellen werfen Schatten, vor denen sich ein Pferd erschrecken kann, und erlauben es, nur in deren Lichtstrahl zu sehen. Alles darum herum wird nicht mehr deutlich wahrgenommen.

Auf jeden Fall sollten Pferd und Mensch Leucht- und reflektierendes Equipment tragen, um von anderen Verkehrsteilnehmern gesehen zu werden. Bei sehr schlechter Sicht eignen sich befestigte Wege besser, damit vor allem der Mensch nicht ins Stolpern gerät. Das Pferd bewegt sich

Starker Nebel oder Rauch kann Pferde verunsichern.

Reiten in der Dunkelheit ist eine Herausforderung, hauptsächlich auch für die Reiter, die ihren Pferden fast blind vertrauen müssen.

wesentlich sicherer fort. Insgesamt gilt, dass du bei schlechten Sichtverhältnissen auf bekannten Wegen bleiben.

3. Schicken

Beim Schicken in Dunkelheit und Nebel ist darauf zu achten, dass du bedingt durch die schlechte Sicht das Pferd nicht irgendwohin schickst, wo es sich verletzen könnte. Du solltest am besten den Weg im Vorfeld ablaufen und dich versichern, dass dort der Untergrund für das Pferd angepasst ist. Außerdem ist darauf zu achten, dass die Körpersprache vom Pferd schlechter wahrgenommen wird und der Mensch daher zusätzlich Stimmkommandos einsetzen sollte.

Hier kann bereits das Longieren auf dem Platz oder im Roundpen im Dunkeln oder bei Nebel eine tolle Abwechslung darstellen. Eine gute Idee gerade für diejenigen, die sich sonst in überfüllten Reithallen tummeln.

4. Reiten

Reiten bei Dunkelheit und im Nebel erfordert eine sichere Reiterin und ein gutes Vertrauensverhältnis zwischen Pferd und Mensch. Steht einem ein Reitplatz zur Verfügung, so sollte dies zu Beginn hier geübt werden. Sprünge und Stangenarbeit sollte man vermeiden.

Klappt das Reiten auf der Anlage gut, kannst du beginnen, mit deinem Pferd dir bekannte Wege zu gehen. Neue Strecken würde ich nur bei guter Sicht empfehlen. Auch hier gilt es, die Runde zunächst kurz zu halten, damit der Lerneffekt bleibt und weder Pferd noch Reiterin durch die Einflüsse überfordert werden. Wenn du es dir und deinem Pferd zutraust, ist ein Ausritt im Dunkeln eine großartige Erfahrung.

Das Vertrauen, das hierbei aufgebaut wird, ist nicht zu unterschätzen und kann dem Pferd-Reiterin-Paar auch in vielen anderen Situationen sehr nützlich sein. Bleib am besten im Schritt, da du nicht einschätzen kannst, wie die Bodenverhältnisse sind.

5. Übungsvorschläge

Übungen zu Dunkelheit und Nebel

Frei

Ermögliche es deinem Pferd, so viel wie möglich draußen zu sein und die unterschiedlichen Tageszeiten zu erleben.

Natürliches Licht ist sehr wichtig für die Gesundheit von Pferd und Mensch.

Führen

Spaziergänge sind auch hier eine bereichernde Erfahrung. Du solltest darauf achten, dass ihr für andere Verkehrsteilnehmer gut sichtbar seid.

Bist du und/oder dein Pferd noch unsicher, kannst du auch mit einer Runde auf dem Hof oder auf dem dunklen Reitplatz beginnen.

Schicken

Schicken ist durch die schlechte Sicht etwas schwieriger. Im Roundpen oder eingezäuntem Reitplatz kann das Longieren im Dunkeln jedoch auch eine interessante Herausforderung darstellen.

Reiten

Sobald du sicher bist und vor allem auch dein Pferd und ihr eure Wege gut kennt, kann ein Ritt bei Vollmond zu einem wunderschönen Erlebnis werden.

Wind

Der Einfluss des Windes auf Pferde ist ein interessantes und wichtiges Thema. Tatsächlich kann der Wind für viele Pferde beunruhigend sein, da er verschiedene Auswirkungen auf ihre Sinneswahrnehmungen und ihr Verhalten hat. Hier einige Punkte, die den Einfluss des Windes auf Pferde verdeutlichen:

1. **Veränderung der Umgebung:** Der Wind kann Gegenstände und Pflanzen bewegen, was für Pferde ungewohnt sein kann. Diese Veränderungen in der Umgebung können Unsicherheit auslösen, da Pferde empfindlich auf Dinge reagieren, die potenzielle Gefahren signalisieren könnten.

2. **Eingeschränktes Riechvermögen:** Der Wind kann die Verwirbelung von Gerüchen in der Luft verursachen, was das Riechvermögen der Pferde beeinträchtigen kann. Pferde verlassen sich stark auf ihren Geruchssinn, um Gefahren und Veränderungen in ihrer Umgebung zu erkennen. Ein starker Wind kann diese Fähigkeit einschränken.

3. **Erhöhte Vorsicht:** Aufgrund der genannten Faktoren werden viele Pferde bei windigem Wetter vorsichtiger und wachsamer. Sie sind in erhöhter Alarmbereitschaft, um potenzielle Bedrohungen wahrzunehmen.

4. **Individuelle Reaktionen**: Es ist wichtig zu beachten, dass die Reaktionen auf den Wind von Pferd zu Pferd unterschiedlich sein können. Einige Pferde lassen sich von Wind nicht beeindrucken, während andere empfindlicher darauf reagieren.

Vom Winde verweht. Starker Wind kann Pferde verunsichern: zum einen, da sie Gräuschquellen nicht mehr sicher zuordnen können, zum anderen, da sich Dinge anders bewegen als sonst.

Übungen bei Wind

1. Freies Entdecken

Wenn Pferde auch bei Wind und Wetter im Freien gehalten werden, dann kennen sie dieses Phänomen. Sie lernen, den Wind besser einzuschätzen und auch, dass sie mehr Energie verbrauchen, wenn sie vor Bewegungen flüchten, die vom Wind verursacht wurden. Pferde sind auf ihre Energie angewiesen, um im entscheidenden Moment flüchten zu können. Somit tun sie sich selbst keinen Gefallen, wenn sie an windigen Tagen konstant unter Dauerstrom stehen.

Außerdem werden in einem solchen Zustand auch viele andere Tätigkeiten gehemmt, zum Beispiel hören sie immer wieder auf zu fressen, um angestrengt zu lauschen.

Pferde, die auf Weiden und Paddocks auch an windigen Tagen stehen, lernen sich auf alle ihre Sinne zu verlassen und nicht so schnell kopflos zu reagieren. Dies ist ein Verhalten, das eindeutig der Sicherheit von uns Pferdemenschen zugutekommt.

2. Führen

Pferde bei Wind zu führen ist möglich. Bei Sturm sollte jedoch auf Grund möglicher fallender Äste oder fliegender Gegenstände unbedingt davor abgeraten werden. Ein kleiner Spaziergang über den Hof oder auch über den Außenplatz kann jedoch viel für den Vertrauensaufbau bewirken. Auch hier gilt es, dem Pferd immer wieder die Zeit zu geben, sich etwas anzusehen, es zu verstehen und seine Handlung zu überdenken. Hinsehen, hinhören und riechen ist ausdrücklich erlaubt. Es gilt dabei, die richtige Distanz zu dem unheimlichen Gegenstand oder Ort zu wählen. Das Pferd sollte nahe genug sein, um seine Aufmerksamkeit darauf zu lenken, jedoch weit genug davon entfernt, um nicht in den kopflosen Fluchtmodus zu geraten.

Wind hat seinen eigenen Reiz für Pferde. Für sie ist es wichtig, sich gerade bei Wind gut orientieren zu können, um sich sicher zu fühlen.

Nach mehreren Wiederholungen werden wie merken, dass das Pferd in diesen Situationen immer selbstsicherer wird.

3. Schicken

Klappt das Führen gut und kannst du auf einem Platz trainieren, auf dem das Pferd longiert oder am langen Zügel gearbeitet werden kann, dann probiere das aus. Dabei ist das Pferd noch stärker auf sich allein gestellt und muss noch mehr überlegen, als mit seinem Menschen direkt an seiner Seite. Es kann auf diese Weise noch mehr Sicherheit gewinnen, wenn behutsam vorgegangen wird und das Pferd im Lernmodus bleibt. Bedenke dass Stimmkommandos eventuell schlechter wahrgenommen werden und wir unsere Körpersprache mehr einsetzen sollten.

Übungen, die dem Pferd eine gewisse Konzentration abverlangen, tragen dazu bei, dass es im Lernmodus bleiben kann. Je nach Ausbildungsstand können dies beispielsweise Achten sein, Seitengänge oder Übergänge.

4. Reiten

Reiten bei Wind sollten wir erst wagen, wenn das Pferd sicher beim freien Entdecken, Führen und Schicken ist, um uns selbst und das Pferd nicht unnötig in bedenkliche Situationen zu bringen. Auch hier empfiehlt es sich, auf einem umzäunten und bekannten Gelände anzufangen und dann nach und nach die Dauer und Geschwindigkeit zu steigern. Im nächsten Schritt kann man sich dann vom Hof entfernen.

5. Übungsvorschläge

Übungen zu Wind

Frei

Ermögliche es deinem Pferd, so viel wie es geht draußen zu sein und den Wind zu spüren.

Es kann so auch lernen, dass sich Pflanzen und Gegenstände im Wind bewegen. Es lernt besser abzuschätzen, was eine Bedrohung darstellt und was nicht.

Führen

Bei Sturm solltest du Spaziergänge vermeiden. Die Sicherheit von Pferd und Mensch muss stets im Vordergrund stehen. Bei leichtem Wind kann eine Runde über den Hof, bei der alles beobachtet werden kann, was herumflattert, interessant und lehrreich sein.

Schicken

Steht dir ein umzäunten Platz zur Verfügung, kannst du dein Pferd auch Übungen am langen Zügel oder der Longe ausführen lassen. Bedenke, dass dein Pferd Stimmhilfen bei Wind anders wahrnimmt als sonst und deswegen vielleicht anders oder verzögert reagiert.

Reiten

Bei Wind solltest du am besten auf einem umzäunten Reitplatz reiten. Wie bereits erwähnt, solltest du dich mit deinem Pferd bei Sturm nicht draußen aufhalten.

Wo sind meine Beine?

Die Bedeutung der Koordination der Pferdebeine ist im Reit- und Fahrsport von großer Relevanz, da sie bei verschiedenen Disziplinen eine zentrale Rolle spielt. Dies umfasst komplexe Lektionen wie Spins oder Galopp-Pirouetten, das Springen, aber auch entspannte Ausritte. Die Pferde müssen lernen, wie sie ihre Beine effektiv einsetzen, um bestimmte Bewegungen ausführen zu können, sei es durch Anpassung der Trittfrequenz, Winkel oder Höhe.

Die Koordination der Pferdebeine ist nicht nur eine motorische, sondern auch eine kognitive Aufgabe. Pferde müssen verstehen, wie sie ihre Beine in verschiedenen Situationen bewegen und wie sie sich in Bezug auf ihre Körperhaltung und -balance anpassen können.

Es ist wichtig zu betonen, dass die hier beschriebenen Übungen und Ansätze nicht das eigentliche Training ersetzen sollen, sondern als wertvolle Ergänzung dienen. Sie fördern die propriozeptiven Fähigkeiten der Pferde und tragen dazu bei, ihre motorischen und kognitiven Fähigkeiten zu entwickeln. Eine vielseitige Ausbildung und gezieltes Training fördern dabei das Wohlbefinden und helfen ihnen dabei, sich auf unterschiedliche Anforderungen im Reit- und Fahrsport vorzubereiten.

Natürlich können alle vorangegangenen Übungen auch sinnvoll für die Propriozeption eingesetzt werden. Es ist selten, dass eine Übung nur einen bestimmten Lernvorgang beim Pferd erzeugt. Die jeweilige Übung eröffnet hingegen viele Möglichkeiten und es liegt an uns, bestimmte Lernvorgänge stärker zu fördern.

Übungen für die Koordination der Beine

1. Freies Entdecken

Wie immer bietet das freie Entdecken eine sehr gute Möglichkeit, wie die Pferde auch außerhalb des eigentlichen Trainings körperlich und geistig fit bleiben können. Hier können zum Beispiel die Paddocks und Weiden der Pferde ganz vielfältig gestaltet werden. Sei dies mit leichten Steigungen, mit unterschiedlichen Bodenverhältnissen, mit Ästen oder Baumstämmen oder Ähnlichem. Hierzu hat sich ein ganzes Haltungskonzept entwickelt, das unter dem Begriff Paddock-Trail bekannt geworden ist. Auch wenn dein Pferd nicht im Offenstall lebt, so kann es dennoch von einem körperlich und geistig ansprechenden sowie vielfältig gestalteten Paddock profitieren.

2. Führen

Die Propriozeption beim Führen kann dadurch gefördert werden, dass nicht nur glatte, geteerte oder sandige Wege mit dem Pferd gegangen werden, sondern auch gezielt unebene Strecken wie beispielsweise Waldwege mit vielen Wurzeln und Stufen aufgesucht werden. Am Anfang sollte der Mensch diese mit Bedacht wählen, um das Pferd nicht zu überfordern. Später kann dieses Training auch stärker ausgeweitet werden.

Überforderung

Vorsicht vor Überforderung! Wie auch der Mensch, kann das Pferd sich mental überfordert fühlen, wenn es keine Lösung sieht, seine Lage zu verbessern. Hier müssen wir aufpassen, dass wir keine negative Gefühlslage konditionieren und damit gegebenenfalls eine erlernte Hilflosigkeit fördern. (Siehe Kästen Selbstwirksamkeit und Erlernte Hilflosigkeit, S. 143 und S.141) Wichtig ist eine neue Herausforderung kleinschrittig bewältigbar zu machen. Hier gelten pädagogische Grundsätze auch fürs Pferd: 1. Vom Leichten zum Schweren; 2. Vom Einfachen zum Komplexen; 3. Vom Bekannten zum Unbekannten. Was für das jeweilige Pferd »leicht« und was »schwer« oder »bekannt« und »unbekannt« ist, müssen wir individuell erkennen und entscheiden. Daraus können wir nachfolgend die Lernschritte für dieses Pferd im Zuge des Trainings sinnvoll erarbeiten. Für das eine Pferd mag die Dunkelheit eine Herausforderung sein – für das andere nicht. Hier gut zu beobachten und einfühlsam zu trainieren, ist ein wichtiger Punkt, um das Pferd nicht zu überfordern, aber dennoch in dem Maße zu fördern, dass es die gestellte Herausforderung mit einem guten Gefühl meistern kann. So erweitern wir die Komfortzone des Pferdes und was zuvor noch eine Herausforderung war, ist nun leicht zu bewältigen und der nächste Lernschritt steht an.

Möchtest du lieber auf dem Platz oder in der Halle trainieren, so kann hier Stangenarbeit sinnvoll sein oder die Arbeit mit Gassen, die mittlerweile in vielen Varianten erhältlich sind. Interessant wird es, wenn diese nicht nur in den passenden Abständen ausgelegt werden, sondern zum Beispiel als Mikado. Hierfür sollte dem Pferd im ruhigen Schritt die nötige Zeit zur Reflexion gelassen werden.

Bei dieser Art der Stangenarbeit geht es nicht nur darum, dass dein Pferd darübersteigen soll, sondern es können auch Engpässe gelegt werden, Labyrinthe, ein Stangen-L oder Ähnliches. Hier sind der Fantasie keine Grenzen gesetzt. Inspirieren lassen kannst du dich an den Trail-Aufgaben im Westernreiten, aber ebenso bei den verschiedensten Trainern. Stangen und Gassen können auch kombiniert oder mit Pylonen und anderen Hindernissen ergänzt werden.

Analysiere wie dein Pferd auf die Situationen reagiert. Was fällt ihm noch schwer? Ist es das Abschätzen von Distanzen? Dann sollte es über Stangen geführt werden, zunächst über wenige, mit gleichem Abstand, dann über mehrere mit variablen Abständen. Vergisst es seine Hinterhand mitzunehmen? Dann eignen sich auch Labyrinthe sehr gut, diese können zum Beispiel rückwärts durchlaufen werden.

Natürlich können diese Hindernisse immer wieder auch mit anderen Übungen kombiniert werden. Das macht es dann erst richtig interessant für Pferd und Mensch. Zum Beispiel kann ein Slalom mit Seitengängen kombiniert oder ein Podest integriert werden, um das Gleichgewicht zu trainieren. Auch ein Cavaletti oder ein Kreuz können zusammen überwunden werden. Übungen aus dem Bereich der Zirzensik können ebenfalls als Ergänzung dienen. Hier kannst du die genannten Übungen mit anderer Fachliteratur vergleichen und erweitern.

Stangenarbeit hilft dem Pferd, die Beine zu sortieren.

3. Schicken
Beim Schicken gilt dasselbe wie beim Führen. Alle Übungen sollten zunächst im Schritt und mit Pausen absolviert werden. Sobald Pferd und Mensch sich sicher fühlen und die Übungen es zulassen, können diese auch im Trab oder eventuell im Galopp durchgeführt werden.

Diese können später in der Stangenarbeit zum Muskelaufbau eingesetzt werden. Dann ist das Ziel jedoch nicht mehr die Propriozeption.

Merke: Aufgaben können, je nachdem, wie sie durchgeführt werden, unterschiedlichen Zielen dienen!

Die Propriozeption an sich trainiert sich am besten im Schritt, da hier das Pferd die nötige Zeit zur Reflexion hat. Diese ist in den anderen Gangarten wegen der höheren Geschwindigkeit verkürzt.

4. Reiten
Auch beim Reiten kannst du es so handhaben wie beim Führen oder Schicken, jedoch sollte beides als Vorarbeit dienen. Hauptsächlich bei der Propriozeption ist dies wichtig, da sich der ganze Bewegungsablauf des Pferdes anpassen muss, um das Reitergewicht zu tragen. Somit hilft es dem Pferd ungemein, zunächst die Übungen in aller Ruhe vom Boden aus zu machen.
Das gilt vor allem für Pferden, die Schwierigkeiten in diesem Bereich haben.

In der Natur eignen sich Äste und Stämme hervorragend zum Trainieren der Propriozeption.

Das gemeinsame Bewältigen von Naturhindernissen vom Sattel aus schult Mensch und Pferd gleichermaßen in der Koordination und Propriozeption.

Interessant wird es, wenn du reitweisenübergreifend nach Ideen suchst. Hierbei können nämlich verschiedenste Übungen miteinander kombiniert werden. Bei Gangpferden eignet sich unter anderem auch das gezielte Reiten verschiedener Gangarten dazu, ihnen die unterschiedlichen Bewegungen ihrer Beine bewusster zu machen.

5. Übungsvorschläge

Übungen zur Koordination der Beine

Frei

Gestalte den Lebensbereich deines Pferdes so vielfältig wie möglich. Steigungen und Unebenheiten helfen dabei, die Balance und Trittsicherheit des Pferdes zu schulen. Integration von sandigen und steinigen Untergründen im Paddock sowie von größeren Ästen oder Baumstämmen bereichern das Lebensumfeld.

Führen

Du kannst dir einen Parcours mit unterschiedlichen Bodenunebenheiten aufbauen, zum Beispiel mit Stangen, Gassen oder kleinen Cavalettis.

Am leichtesten lassen sich Unebenheiten auf Spaziergängen üben. Verlasse dabei auch manchmal die schon bekannten Pfade, kraxele bewusst einen Hügel hinauf oder wähle den unebenen Waldweg. (Prüfe immer im Vorfeld welche Wege du mit deinem Pferd gehen darfst.)

Schicken

Klappt das Führen gut, kannst du es mit dem Schicken versuchen. Baumwurzeln und Äste sowie natürliche kleine Hindernisse, die euch begegnen, fördern die Aufmerksamkeit und das bewusste Setzen der Hufe.

Stangenarbeit kannst du auch mit deinem Pferd an der Longe, an der Doppellonge, am langen Zügel oder ganz frei machen. Das sind interessante Alternativen, die dem Pferd immer wieder einen neuen Blickwinkel aufzeigen.

Freispringen kann auch den Trainingsplan erweitern. Kläre hier bitte ab, ob dein Pferd springen darf und beginne möglichst einfach. Wichtig ist, dass im Vorfeld eine gute Grundlagenarbeit am Boden stattgefunden hat. Bitte die ausgiebige Aufwärmphase nicht vergessen.

Reiten

Ist das Pferd ohne Reitergewicht schon gut koordiniert, können Waldwege und Wurzelpfade auch vom Sattel aus erkundet werden. Hier ist es sinnvoll, die Wege schon vom Boden kennengelernt zu haben. Stehen keine Reitwege im Gelände zur Verfügung oder lässt es die Witterung nicht zu, kann man auch zuhause kreativ werden. Das Aufbauen von Bodenstangen, Gassen oder Cavalettis, aber auch einem Stangenmikado erfüllt ebenso den Zweck, das Pferd auf verschiedene Anforderungen im Alltag und dem Gelände vorzubereiten.

Suche dir beim Ausritt bewusst unebene Wege aus, Baumwurzelpfade, Hügel, insgesamt Wege, wo es auf und ab geht und die möglichst unbefestigt sind.

Körperbewusstsein

Körperbewusstsein betrifft nicht nur die Beine des Pferdes, sondern seinen gesamten Körper. Viele Pferde haben oft kleine Abschürfungen oder Blessuren, die zeigen, dass sie nicht richtig einschätzen können, wie viel Platz sie benötigen, um sich zu bewegen. Andere stoßen sich immer wieder ihren Kopf an. Dies kann mit einem mangelnden Körperbewusstsein zusammenhängen. Natürlich gilt es trotzdem, alle medizinischen Ursachen abzuklären.

Das Bewusstsein für den eigenen Körpers ist entscheidend für das Wohlbefinden und die Sicherheit der Pferde. Eine gezielte Ausbildung und Pflege, die darauf abzielt, das Körperbewusstsein zu fördern, kann dazu beitragen, Verletzungen zu verhindern und die Lebensqualität der Pferde zu verbessern.

Wenn du dir nicht vorstellen kannst, was dies konkret bedeutet, dann versetze dich einmal in folgende Situation: Du willst einige Tanzschritte lernen für eine bevorstehende Party. Kennst du das Gefühl, dass du gucken musst, wo deine

Beine sind, um diese so zu bewegen, wie du möchtest? Hier arbeitest du gerade an deinem Körperbewusstsein. Auch für Reiterinnen ist dies eine sehr wichtige Kompetenz, um gezielt Hilfen zu geben und sich zur richtigen Zeit an- und entspannen zu können.

Übungen zum Körperbewusstsein

1. Freies Entdecken

Wie immer bietet das freie Entdecken hier viele Vorteile. Die Pferde können es nach eigenem Ermessen einteilen und sich damit auch ohne den Menschen beschäftigen. Diese natürlichen Reize helfen ihnen, ein gesundes Körperbewusstsein zu entwickeln.

Das Körperbewusstsein kann durch einen vielfältig gestalteten Paddock gefördert werden. So lernen die Pferde, sich nicht nur auf mehr oder weniger großen rechteckigen Arealen zurechtzufinden, sondern auch um Bäume herumzulaufen, einen Hügel hoch oder runter zu klettern und auch vor anderen Pferden auszuweichen. Hohes Gras erlaubt es dem Pferd zusätzlich, seinen Körper stärker zu spüren, denn es fühlt dessen sanfte Berührungen. Das Gleiche gilt für windige Wetterverhältnisse oder zum Beispiel das Wälzen ohne Decke.

Hohes Gras, das den Pferdekörper berührt, lässt Pferde sich selbst besser spüren.

2. Führen

Beim Führen können ähnliche Übungen eingesetzt werden wie bei den Aufgaben für die Beine. So bietet sich ein Labyrinth an, aber auch das Führen unter einem Flattervorhang hindurch oder an Pflanzen vorbei, die am Pferdekörper entlangstreifen.

Als zusätzliche Unterstützung des Körperbewusstseins kannst du mit Massagen oder Körperbändern arbeiten. Zu diesen Themen findest du die unterschiedlichsten Möglichkeiten und du kannst wählen, was am besten zu dir und deinem Pferd passt.

Das Fahrgeschirr hilft manchen Pferden, ihren Körper besser wahrzunehmen.

Körperbänder

Bei der Nutzung von Körperbändern kann ein gewollter oder auch ungewollter **Gewöhnungseffekt** entstehen. Gewöhnung (auch Habituation genannt) bedeutet, dass ein wiederholter Reiz nicht mehr die Reaktionsschwelle überschreitet und zu einer Reaktion führt. Dies ist zunächst gewollt, damit sich das Pferd nicht vor der Berührung erschreckt und diese gelassen toleriert. Um das Köperbewusstsein zu fördern, sollte der Reiz der Körperbänder noch wahrgenommen werden. Achte also darauf, dass du die Position und die Art der Bänder immer wieder variierst, damit ein fördernder Stimulus für den Pferdekörper erhalten bleibt.

3. Schicken

Beim Schicken kannst du zum Beispiel auf das Longieren mit Körperbändern oder auch mit einem Hintergeschirr zurückgreifen. Beim Fahren mit Hintergeschirr wird das Bewusstsein des Pferdes für seine Hinterhand gestärkt. Du solltest darauf achten, dass ein Hintergeschirr niemals mit dem Gebiss oder dem Kopf des Pferdes verbunden wird, um unnötige und schmerzhafte ruckartige Bewegungen, die durch die Hinterbeine ausgelöst werden, zu vermeiden.

Generell ist es so, dass das Pferd oft weniger Bewusstsein für seine Breite, seine Länge oder seine Hinterhand hat. Dies können wir im Umgang und beim Reiten bemerken und sollten dann bewusst Übungen wählen, die diese Körperpartien ansprechen. Bei dem hier beschriebenen Schicken wird zum Beispiel hauptsächlich die Hinterhand im Fokus sein.

Werden diese Hilfsmittel zu häufig eingesetzt, bieten sie keinen speziellen Reiz mehr fürs Pferd und sind in Bezug zum Körperbewusstsein überflüssig. Hier ist es ähnlich wie zum Beispiel beim Sattel. Irgendwann tritt der Gewöhnungseffekt ein und das Pferd ist auf diesen Reiz desensibilisiert und nimmt ihn nicht mehr bewusst wahr. Demnach fördert das Hilfsmittel dann nicht mehr das Körperbewusstsein. Körperbänder und ähnliche Hilfsmittel eignen sich aus diesem Grund nur für den sporadischen gezielten Einsatz.

4. Reiten

Alle geführten Übungen können auch geritten werden. Hier gilt wie immer, dass das Pferd Zeit benötigt, um über die Erfahrung nachzudenken. Das heißt, dass diese Übungen in einem bewussten, ruhigen Schritt durchgeführt werden sollen. Natürlich soll sich das Pferd auch irgendwann in schnelleren Gangarten seines Körpers bewusst sein, ausschlaggebend hierfür sind die Lernerfolge im Schritt.

Naturgassen mit Büschen und Blättern eignen sich besonders gut, um das Körperbewusstsein zu fördern und Berührungen am ganzen Körper zu erleben und entspannt wahrzunehmen.

Bei engeren Wegpassagen empfiehlt es sich, die Übungsschritte wie gewohnt aufeinander aufzubauen. Das Vorweggehen gibt Vertrauen, das Schicken stellt die nächste Herausforderung dar und das gemeinsame Bewältigen vom Sattel aus kann das Ziel sein.

5. Übungsvorschläge

Übungen zum Körperbewusstsein

Frei

Gestalte den Lebensbereich deines Pferdes so vielfältig wie möglich. Biete immer wieder neue Anreize, zum Beispiel indem du einen Hügel anlegst, Bäume und Sträucher integrierst.

Aber auch hohes Gras, Regen, Wind oder auch das Wälzen ohne Decke erlauben dem Pferd, sich besser zu spüren und seinen Körper stärker und bewusster wahrzunehmen.

Führen

Vor der eigentlichen Arbeit kannst du dein Pferd putzen oder es massieren. Beziehe gezielt Körperregionen mit ein, an die dein Pferd selbst schwierig herankommt.

Körperbänder, Kühl- oder Wärmepads können dem Pferd auch helfen, verschiedene Körperregionen bewusster wahrzunehmen.

Führen

Möchtest du an der Hand arbeiten, so kannst du ein Stangenlabyrinth aufbauen oder dein Pferd durch einen Flattervorhang führen. Auch verschiedene Arten von Slaloms (vorwärts, rückwärts, seitwärts) können hier helfen. Natürlich bieten sich auch klassische Übungen wie Seitengänge an.

Eine weitere Variante sind zirzensische Lektionen. Sie sind eine spielerische Möglichkeit, um Abwechslung in den Trainingsalltag zu bringen und dem Pferd seine körperlichen Fähigkeiten bewusst zu machen.

Schicken

Beim Fahren trägt das Pferd normalerweise auch ein Hintergeschirr, so kann es seinen gesamten Körper fühlen.

Auch beim Longieren können zum Beispiel Körperbänder eingesetzt werden. Auf keinen Fall solltest du zu Hilfszügeln greifen, die um die Hinterhand laufen bis hin zum Gebiss. Das Pferd fügt sich bei jedem Schritt selbst einen Ruck ins Gebiss zu. Es kann sich nur verkriechen, aufgeben oder abstumpfen.

Reiten

Beim Reiten kannst du auf dieselben Übungen wie beim Führen zurückgreifen: Labyrinth, Slalom und Seitengänge bieten deinem Pferd vielfältige Körpererfahrungen.

Rückepferde müssen ihre Kraft gut einschätzen können und sich ihres Körpers bewusst sein, um ihre Arbeit gut ausrichten zu können.

Olfaktorische Wahrnehmung, Geschmack und Textur

Die olfaktorische Wahrnehmung, der Geschmackssinn und die Textur sind wichtige Sinneserfahrungen, die oft übersehen werden, wenn es um die Ausbildung und das Training von Pferden geht. Pferde sind jedoch hochsensible Tiere, die von all ihren Sinnen Gebrauch machen, um ihre Umgebung zu verstehen und sich in ihr zurechtzufinden. Hier einige Gedanken zu diesen Sinneserfahrungen bei Pferden:

1. **Olfaktorische Wahrnehmung:** Pferde haben einen ausgeprägten Geruchssinn und können verschiedene Düfte wahrnehmen. Das Erleben verschiedener Gerüche kann für Pferde eine bereichernde Erfahrung sein. Es kann auch im Training nützlich sein, da Pferde auf bestimmte Gerüche positiv oder negativ reagieren können.

2. **Geschmack:** Pferde haben auch ein gutes Geschmacksempfinden und können Vorlieben für bestimmte Futtermittel haben. Es kann sinnvoll sein, die Geschmacksvorlieben der Pferde zu berücksichtigen, um sie zu motivieren und ihr Wohlbefinden zu fördern.

3. **Textur:** Die Textur von Objekten oder Futter kann ebenfalls eine Rolle spielen. Pferde können empfindlich auf verschiedene Oberflächen oder Texturen reagieren. Das Erleben und die Gewöhnung an unterschiedliche Texturen kann für das Pferd von Vorteil sein, um sich in verschiedenen Umgebungen sicherer zu fühlen.

Vielfältige Sinneserfahrungen können die Lern- und Arbeitshaltung der Pferde positiv beeinflussen. Es ermöglicht ihnen, ihre Umwelt besser zu verstehen und sich an verschiedene Situationen anzupassen.

Ein ganzheitlicher Ansatz, der die Sinneserfahrungen der Pferde berücksichtigt, kann dazu beitragen, ihre geistige und körperliche Gesundheit zu fördern und ihre Lebensqualität zu verbessern. Es zeigt, wie wichtig es ist, die Bedürfnisse und die individuellen Vorlieben der Pferde zu respektieren und in das Training und die Pflege einzubeziehen.

Riechen – Olfaktorische Wahrnehmung

Das Pferd lebt in einer Umwelt mit einer ausgeprägten Sozialstruktur und benötigt sensorische Mechanismen, mit denen Sozialpartner und Konkurrenten identifiziert werden können. Der Geruchssinn ist einer der Sinne, der dazu beiträgt (Krüger und Flauger, 2011). Über Gerüche werden Gruppenmitglieder erkannt und diese über einen Nase-zu-Nase-Kontakt begrüßt (McGreevy, 2004).

Gerüche werden zur Kommunikation über einen längeren Zeitraum genutzt, z.B. markieren Hengste beim Werben um die Stute mit dem Absetzen von Kot und die Bindung zwischen Stute und Fohlen wird über Gerüche stabilisiert (Goodwin, 2002). Der *Bulbus olfactorius* ist beim Pferd, im Vergleich zum Primaten, sehr stark ausgeprägt und besitzt eine hohe Oberflächenvergrößerung (Saslow, 2002). Die Größe des Riechepithels gibt einen Hinweis darauf, dass das Pferd einen großen Teil seiner Umwelt über den Geruch wahrnimmt.
Durch die Aufnahme von viel Luftvolumen mit einem Atemzug kann das Pferd eine große Anzahl von Molekülen einfangen. Ein weiterer anatomischer Vorteil für die olfaktorische Wahrnehmung stellt die Nüsternstellung dar. Die entgegengesetzt gerichteten Nüstern erlauben dem Pferd eine räumliche Wahrnehmung des Geruchs und somit ein gutes Lokalisieren von Geruchsquellen (Stoddart, 1980).

Durch das Jakobsonsche Organ ist es dem Pferd möglich, auch Pheromone wahrzunehmen, die für die Kommunikation mit Artgenossen entscheidend sind.

Hothersall et al. (2010) untersuchten die Diskriminationsfähigkeit von Pferden für Gerüche von Artgenossen und fanden heraus, dass Pferde ihre Artgenossen anhand von Urinproben unterscheiden konnten. Krüger und Flauger (2011) zeigten, dass Pferde Artgenossen am Kotgeruch unterscheiden konnen. Geruchs- und Geschmackssinn zusammen erlauben es dem Pferd, Futtersorten zu unterscheiden, und sie besitzen die Fähigkeit, eine Futteraversion auf krankmachendes Futter zu erlernen. (Houpt et al., 1990)

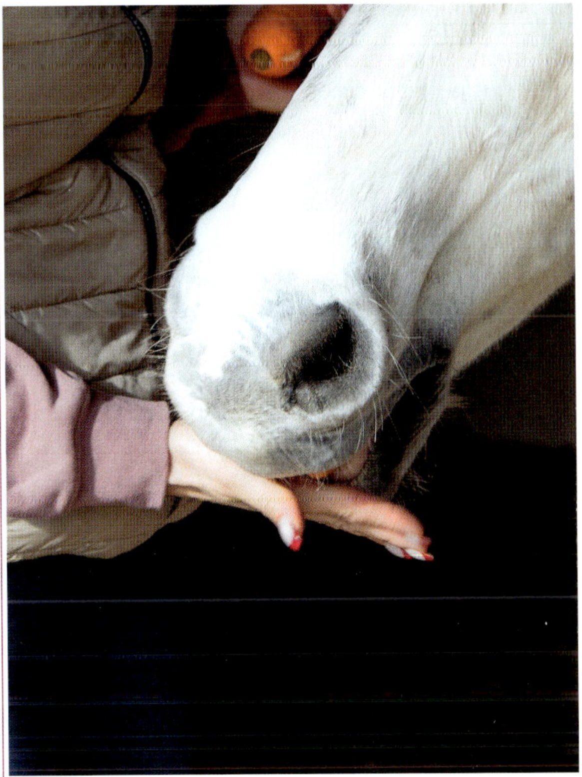

Geruch und Geschmack sind für Pferde überlebenswichtig. Sowohl in der sozialen Kommunikation als auch in der Nahrungsselektion spielen beide eine entscheidende Rolle.

Sei dir bewusst, welche Gerüche du mit zum Pferd bringst. Trägst du ein Parfüm oder bist du Raucherin, beeinflusst das natürlich auch die Wahrnehmung des Pferdes. Dies kann durchaus auch eine negative Beeinflussung sein, da das Pferd durch diese starken künstlichen Gerüche nicht mehr in der Lage ist, andere wahrzunehmen, die es eventuell für seine eigene Sicherheit benötigt. Das Gleiche gilt für stark riechende Pflegesprays, die neben der olfaktorischen Wirkung auch Einfluss auf die Haut des Pferdes haben können.

Übungen zum Geruch

1. Freies Entdecken

Pferde werden heutzutage mit vielen chemischen Gerüchen konfrontiert, die der Mensch im Alltag benutzt. Jedoch ist es auch wichtig, dass sie natürliche Gerüche wahrnehmen können, um sich zu orientieren und sich in Sicherheit zu wiegen. So sollte jedes Pferd die Möglichkeit haben, sich frei draußen aufzuhalten, um so auch olfaktorisch Erfahrungen zu sammeln. Zum Beispiel der Geruch nach dem ersten Sommerregen oder der von schmackhaften Pflanzen.

2. Führen

Beim Führen können wir das Pferd auch in diesem Bereich neue Erfahrungen sammeln lassen. So kann es den Geruch des Waldes einatmen und lernen, dass ein Bach oder See anders riecht. Es lernt auch den Geruch von Gülle kennen, von Autos und Maschinen.

Bei uns gibt es zum Beispiel einen Schnellimbissstand im Dorf, an dem es stark nach Öl und Fett riecht. Zu Beginn hatten viele Pferde davor einen gehörigen Respekt. Wir haben ihnen jedoch die Zeit und die Gelegenheit gegeben, sich bewusst mit diesem Geruch auseinanderzusetzen und mittlerweile gehen sie ganz gelassen daran vorbei. Auf Turnierplätzen gibt es auch oft solche Imbissbuden. Sind die Pferde dann bereits an deren Geruch gewöhnt, können sie sich besser auf ihre eigentliche Aufgabe konzentrieren.

Wenn der Duft des Frühlings lockt.

Gezieltes Riechen-Lassen an zunächst furchtauslösenden Reizen fördert die Neugier und stärkt die Selbstwirksamkeit des Pferdes.

Welche olfaktorische Reize kannst du bewusst mit deinem Pferd gemeinsam entdecken?

3. Schicken

Beim Schicken gilt dasselbe wie beim Führen und sollte auf diese Erfahrungen aufbauen.

4. Reiten

Das Reiten sollte auch hier auf den bislang erlebten Erfahrungen aufbauen. Wenn es die Möglichkeit gibt, gemeinsam durch eine Blumenwiese oder blühende Obstbäume zu Reiten, spricht dies gleich mehrere Sinneswahrnehmungen von Pferd und Mensch an.

5. Übungsvorschläge

Übungen zur olfaktorischen Wahrnehmung

Frei

Wenn das Pferd in jeder Jahreszeit die Gelegenheit hat, draußen zu sein, erlebt es automatisch verschiedene Gerüche. Durch Bepflanzung der Paddocks und Weiden oder des direkten Umfelds, kannst du ihm ermöglichen, auch weitere Gerüche zu entdecken. Hierfür eigenen sich sowohl Sträucher, Stauden als auch Bäume und Gräser. Informiere dich, welche Pflanzen für Pferde gesund und ungiftig sind und bereichere damit ihren Lebensraum.

Führen	Spaziere mit deinem Pferd an blühenden Pflanzen entlang, durch den Wald oder am Meer entlang. Achte bewusst darauf, welche Gerüche du selbst trägst, und verzichte auf übermäßigen Gebrauch von chemischen Geruchsstoffen. Zu beachten sind hier auch stark riechende Sprays, Cremes und Lotionen, die für Pferde benutzt werden. Bitte mit Vorsicht verwenden. Man muss sich darüber im Klaren sein, dass der starke Geruch für empfindliche Pferdenasen unangenehm sein kann.
Schicken	Das Schicken kann bei Gerüchen eine Herausforderung darstellen. Zu beachten ist, dass in Situationen mit sehr starkem Geruch, wie am Beispiel von Fett und Öl, es eine Überwindung für Pferde sein kann, an etwas vorbeizugehen. Du solltest in solch einem Fall mit dem Führen beginnen. Nutze Veränderungen auf dem Hof, wie neue Gegenstände. Sei bei Maschinen oder beweglichen Gegenständen vorsichtig und achte auf die Sicherheit.
Reiten	Mülltonnen oder »gelben Säcke« begegnet man beim Reiten immer wieder. Auch Autos und Traktoren dürfen untersucht werden. Natürlich achten wir darauf, nichts zu beschädigen.

Geschmack und Textur

Die Fütterung von Pferden ist zweifelsohne ein entscheidender Aspekt für ihre Gesundheit und ihr Wohlbefinden. Die meisten Pferde werden mit einer gewissen Regelmäßigkeit gefüttert, um eine ausgewogene Ernährung sicherzustellen und die Verdauung zu unterstützen. Hier einige Gedanken zur Fütterung von Pferden und wie sie mit Sinneserfahrungen in Verbindung stehen:

1. **Abwechslungsreiche Ernährung:** Eine abwechslungsreiche Ernährung kann für Pferde von Vorteil sein, da sie verschiedene Geschmacksrichtungen und Texturen erleben können. Dies trägt zur mentalen Stimulation und zum Wohlbefinden bei. Natürlich sollten schnelle Ernährungswechsel vermieden werden, um den empfindlichen Verdauungstrakt nicht aus dem Gleichgewicht zu bringen. Eine saisonale Ergänzung mit Obst, Gemüse, Kräutern, Tees, Ästen und Blättern kann Abwechslung in den Speiseplan bringen.

2. **Kauen:** Das Kauen ist ein wichtiger Teil des Verdauungsprozesses bei Pferden. Pferde haben natürlicherweise den Drang, stundenlang zu kauen, während sie Gras oder Heu fressen. Dieses Kauen trägt nicht nur zur

Blätter und Äste erweitern den Speiseplan.

Zerkleinerung der Nahrung bei, sondern bietet auch eine Art mentale Beschäftigung.

3. **Leckerli und Belohnungen:** Leckerli und Belohnungen können in der Ausbildung und im Umgang mit Pferden nützlich sein. Sie bieten den Pferden einen positiven Anreiz und können dazu beitragen, eine positive Verbindung zwischen bestimmten Aktivitäten und Belohnungen herzustellen.

Es ist wichtig, einen ausgewogenen Ansatz zur Fütterung von Pferden zu finden, der ihr Ernahrungsbedürfnis berücksichtigt, aber auch Sinneserfahrungen und mentale Stimulation in Betracht zieht. Ein gut durchdachter Fütterungsplan kann helfen, das Wohlbefinden der Pferde zu steigern und ihre geistige Gesundheit zu fördern. Es ist auch wichtig, die Menge und Art der Fütterung an die individuellen Bedürfnisse und Aktivitäten der Pferde anzupassen.

Übungen zur Fütterung

1. Freies Entdecken

Viele Futtermittel enthalten Teile von Kräutern, Sträuchern oder Bäumen. Wenn wir uns ein wenig über diese Pflanzen informieren, können wir zum Beispiel Äste und Blätter dem Pferd zum Knabbern anbieten. Das sind alles Erweiterungen des Speiseplans, die zum Beispiel gegen Wehwehchen helfen können oder dem Pferd eine gesunde Kauerfahrung bieten. Auch das Schälen von Rinde ist ein natürliches Verhalten, daher sind Äste ein prima Angebot.

Liebe geht durch den Magen. Füttern verbindet und kann auch gezielt für verschiedene Lernprozesse eingesetzt werden.

Wird ein neuer Paddock angelegt, können wir bekömmliche Pflanzen direkt in die Planung integrieren. Somit stehen sie den Pferden dann je nach Saison zur Verfügung.

2. Führen

Deinem Pferd kannst du aber auch sonst Erlebnisse bieten, zum Beispiel indem du ihm verschiedene Obst- und Gemüsesorten als Leckerli anbietest. Hier gibt es viel mehr Möglichkeiten als die allseits bekannten Äpfel und Karotten. Informiere dich, was für dein Pferd noch sinnvoll und gesund sein könnte, und probiere dann aus, wie es ihm schmeckt.

Viele Pferde schätzen es, wenn sie ihre Nahrung erarbeiten können. Das bedeutet, dass sie zum Beispiel in einem Wassereimer nach einem Apfel fischen oder die Karotte aus dem Heunetz ziehen. Auf diese Weise machen sie neue Erfahrungen und werden zudem geistig beschäftigt. Interessant könnte auch sein, deinem Pferd Schüsseln mit verschiedenen Tees anzubieten. Teesorten, die für Pferde geeignet sind, findest du online oder in der Fachliteratur.

Hast du keine Möglichkeit, deinem Pferd Äste und Blätter anzubieten, so kannst du es auch gezielt im Wald an geeigneten Pflanzen knabbern lassen. Hier ist wichtig, diese sicher zu bestimmen und das Pferd nur auf Kommando fressen zu lassen, um die Aufnahme schädlicher Pflanzen zu verhindern.

Ein Praxis-Tipp von Myriam: Wenn du jedoch ein Kommando einführst, das explizit dem Pferd das Fressen erlaubt, so ermöglichst du ihm die Aufnahme von Blättern und Ästen an Orten, die sonst nicht zugänglich sind. Es ist wichtig, hierfür ein Start- und ein Stoppsignal einzuführen. Benutze zum Beispiel als Startsignal »Gras o.k.«, auch wenn es sich natürlich nicht nur um Gras handelt. Ein Stoppsignal könnte sein: »Fertig.« Akustische Signale ermöglichen einem ein gezieltes Eingreifen, ohne die Zügel benutzen zu müssen.

Diese Signale habe ich meinem Pferd zunächst am Boden beigebracht. Ich habe mein Pferd zu einer Stelle geführt, an der es grasen könnte. Zunächst habe ich es jedoch mit »Nein« und einem kurzen Führstrick davon abgehalten, seinen Kopf zu senken und zu grasen. Nach dem Kommando »Gras o.k.« habe ich den Strick lang gelassen und einen Schritt zurück gemacht, um dem Pferd zu zeigen, dass der Weg zum Gras jetzt frei ist. Das lernen Pferde ziemlich schnell, da die Belohnung (Grasen) automatisch direkt nach dem Kommando (»Gras o.k.«) erfolgt. Bewusst habe ich mit dem Grasen begonnen, da es hier am einfachsten ist, den Pferdekopf zu kotrollieren.

Hast du ein sehr verfressenes Pferd, das gelernt hat, dich umherzuziehen und dich mitzuschleppen, damit es grasen kann, wie es ihm gefällt, dann würde ich diese Übungen nicht machen. Hier muss auf jeden Fall zuerst der Grundgehorsam und der Respekt erarbeitet werden.

Schwieriger ist das Kommando »Fertig«. Nehmen wir wieder das Beispiel vom Grasen. In der Lernphase lasse ich dem Pferd genug Zeit zu grasen. Es soll nicht das Gefühl haben, sofort wieder aufhören zu müssen. Dies erhöht die Frustration und macht den Lerneffekt zunichte. (Das wäre so, als bekämen wir ein leckeres Stück Schokoladenkuchen hingestellt und nach einem Bissen sagt jemand: »Fertig. So, du hast jetzt genug gegessen.« Natürlich wären wir dann auch frustriert. Starke Emotionen verhindern die nötige Konzentration, die wir für das Lernen benötigen.) Aus diesem Grund lasse ich mein Pferd zunächst lange grasen, zum Beispiel 15 Minuten. Das erscheint jetzt nicht viel, aber wenn du dir einen Timer stellst, dann merkst du erst, wie lang 15 Minuten sein können, wenn du einfach mal nur neben deinem Pferd stehst und ihm zusiehst. Dann kommt der Moment, in dem du laut und deutlich »Fertig« sagst und dann nach vorne (in Richtung des Pferdekopfes) weitergehst. In Richtung Pferdekopf ist wichtig, da es sich um die Bewegungsrichtung des Pferdes handelt und somit weniger Energie benötigt wird, um in Bewegung zu kommen. Gib dem Pferd die Möglichkeit, seinen aktuellen Bissen noch abzureißen und ganz in den Mund zu nehmen, ehe du gezielt weitergehst. Braucht das Pferd etwas Aufforderung, gibst du einen Impuls am Strick. Druck erzeugt Gegendruck, deshalb bewirkt Ziehen das Gegenteil von dem, was du eigentlich willst. Idealerweise geht das Pferd einen Schritt mit dir mit und ihr kommt beide in den Bewegungsfluss.

Gras naschen ohne Kommando ist nicht erwünscht.

Am einfachsten übst du das »Fertig«-Kommando am Rand einer Wiese. Arbeitest du Mitten auf der Weide mit deinem Pferd, kommt es immer wieder in Versuchung zu fressen. Das macht einen Lernerfolg schwer.

Merke: Am besten am Wegesrand beginnen und dem Pferd genug Zeit zum Grasen lassen. Nach dem Kommando gezielt nach vorne in Bewegungsrichtung mit dem Pferd weitergehen.

Klappt das Kommando beim Grasen-Lassen gut, kannst du es auch einmal an einer Stelle im Wald ausprobieren. Lass dein Pferd an Ästen knabbern und gib das Kommando. Die höhere Kopfhaltung macht den Einfluss des Menschen etwas schwieriger, deshalb ist es gut, wenn das Pferd das Kommando beim Grasen kennengelernt hat.

3. Schicken

Dem Schicken kommt bei dieser Wahrnehmung keine besondere Bedeutung zu. Beim Tee-Auswählen ist es vielleicht interessant, da hier das Pferd mehr Möglichkeiten hat, selbst zu entscheiden, welche Sorte es gerne probieren möchte. Hier kann der Mensch dann auch lernen, welche Geschmacksrichtung sein Pferd bevorzugt und ihm auch neue Geschmackserlebnisse ermöglichen.

4. Reiten

Beim Reiten solltest du darauf achten, dein Pferd nicht einfach so im Wald naschen zu lassen. Da das Pferd hier nicht darauf achten kann, was es gerade frisst, bringt es sich in Gefahr, giftige Pflanzen zu fressen, die es sonst verschmähen würde.

Nutze auch hier die am Boden trainierten Signale »Gras o.k.« und »Fertig«. Trägt dein Pferd ein Gebiss, solltest du beim Fressen-Lassen auf passen. Mit Sperrriemen ist Fressen nicht möglich für das Pferd, auch nicht mit Kopfstücken, die die Maulfreiheit stark einschränken. Wenn das Pferd nicht richtig kauen kann, besteht das Risiko einer Schlundverstopfung. Im Zweifelsfall lieber darauf verzichten oder absteigen, abtrensen und das Pferd am Halfter fressen lassen.

Insgesamt sollte dieses Knabbern nur kurz sein, um das Pferd nicht unnötig zu belasten.

5. Übungsvorschläge

Übungen zu Geschmack und Textur

Frei

Auch in dem Bereich Geschmack und Textur spielt die Bepflanzung des Lebensraums der Pferde eine wichtige Rolle. Andere natürliche Futterquellen bereichern den Speiseplan neben Heu, Gras und Krippenfutter. Informiere dich hier genau und biete deinem Pferd gesunde, schmackhafte Alternativen, die zusätzlich zum Kauen anregen.

Führen

Bei Spaziergängen kannst du dein Pferd gezielt an ausgewählten Pflanzen im Wald knabbern lassen. Bitte achte auf die eindeutige Bestimmung von gesunden Pflanzen.

Bei der täglichen Fütterung können Kräuter und Tees den Speiseplan und die Erfahrungen deines Pferdes bereichern. Hierzu findest du viele weitere Infos in der Fachliteratur.

Schicken

Du kannst dein Pferd im Wald oder am Wegesrand gezielt zu einer Fressstelle schicken. Natürlich soll das Pferd das nicht aus Eigeninitiative tun, sondern auf das Signal seines Menschen achten.

Reiten

Hier gilt dasselbe wie beim Schicken. Möchtest du dein Pferd länger fressen lassen, dann steige bitte ab und nimm ihm die Trense ab. Beim Fressen mit Gebiss besteht das Risiko, dass sich Pflanzenteile um das Gebiss schlingen.

Akustische Wahrnehmung

Die akustische Wahrnehmung, also das Hören, ist ein wichtiger Aspekt bei der Umweltwahrnehmung von Pferden. Ihr wird oft mehr Beachtung geschenkt als anderen Sinneserfahrungen. Geräusche und Lärm können einen erheblichen Einfluss auf das Verhalten und die Reaktionen von Pferden haben. Hier einige Überlegungen zur akustischen Wahrnehmung von Pferden:

Umweltgeräusche: Pferde sind in der Regel an viele Umweltgeräusche gewöhnt, die in ihrem täglichen Umfeld vorkommen, wie Hoftrucks, Autos, Traktoren, Radios und andere alltägliche Geräusche. Diese Gewöhnung kann dazu beitragen, die Pferde auf unerwarteten Lärm vorzubereiten.

Empfindlichkeit gegenüber lauten Geräuschen: Pferde reagieren sehr empfindlich auf plötzliche und laute Geräusche. Leicht wird durch sie ihr Fluchtinstinkt ausgelöst. Es ist wichtig, Pferde schrittweise an laute Töne zu gewöhnen, um Panikreaktionen zu vermeiden.

Die bewusste Gewöhnung von Pferden an verschiedene Geräusche kann dazu beitragen, ihre Sicherheit und ihr Wohlbefinden zu fördern. Es ist wichtig, dies mit Bedacht durchzuführen. Es muss sichergestellt werden, dass Pferde in kontrollierter Umgebung desensibilisiert werden. Dies ist Teil eines umfassenden Ansatzes zur Förderung des Selbstvertrauens und der Gelassenheit der Pferde in verschiedenen Umweltsituationen.

Selbst feinste Geräusche werden vom Pferd wahrgenommen.

Hören – Akustische Wahrnehmung

Ein Teil der sozialen Kommunikation bei Pferden beruht auf Lautäußerungen, die sowohl zur Kommunikation über größere Distanzen dienen als auch Nervosität aufzeigen oder die Annäherung von Stute und Fohlen initiieren (Goodwin, 2002). Pferde hören in hohen Frequenzbereichen zwischen 55Hz und 33,5 kHz, besonders sensible zwischen 1 und 16 kHz (Heffner und Heffner, 1983). Aus diesem Grund erregen Geräusche mit einem Anteil hoher Frequenzen eher die Aufmerksamkeit und können zu unerwünschtem Verhalten führen (Saslow, 2002). Wenn die Aufmerksamkeit auf etwas fokussiert ist, werden die Ohrmuscheln in Richtung der Geräuschquelle gerichtet. Pferde haben aber Schwierigkeiten, kurze Geräusche genau zu lokalisieren, was oft den Fluchtinstinkt auslöst. Verbale Reize geringer Intensität können hingegen gut wahrgenommen werden. Pferde sind in der Lage, Geräusche mit bestimmten Ereignissen zu verbinden (Saslow, 2002), was man sich im Training zunutze machen kann.

Übungen zum Hören

1. Freies Entdecken

Leben Pferde ganz oder mehrheitlich draußen, so sind sie bereits an viele Geräuschquellen gewohnt, die es auf dem Hof so gibt. Besonders herausfordernde Momente sind oft Feuerwerk und Böller. Gewöhne dein Pferd im Vorfeld an verschiedene auch plötzlich auftretende Geräusche, um bei umvermeidbaren Situationen hoffentlich entspanntere Reaktionen zu erhalten. Eine Schrittweise Gewöhnung in der Zone der nächsten Entwicklung ist hierbei wichtig.

2. Führen

Verschiedene Geräuschquellen kannst du Pferden beim Führen zeigen. Je vielfältiger die Erfahrungen, desto reflektierter kann das Pferd auf neue Geräusche reagieren und desto weniger Panikreaktionen sind zu erwarten. Hier kannst du dich danach richten, was dein Umfeld so hergibt. Es kann interessant sein, an einem Spielplatz entlangzugehen, an einem Fußballfeld, an einer Viehweide und so weiter.

Glöckchen oder anderes »klimperndes« Material kann auch, nachdem das Pferd sich ausgiebig damit beschäftigt hat, an das Pferd gehängt werden. So kann es selbst Geräusche machen. Vor allem verspielte Pferde finden das sehr spannend. Natürlich solltest du solche Übungen nur unter Aufsicht mit deinem Pferd machen und auch nur, wenn das Pferd keine Angst davor hat. Sonst haben andere Übungen Vorrang.

Bei jedem Schritt klingeln diese Glöckchen.

3. Schicken

Wie immer baut das Schicken auf dem Führen auf und sollte erst begonnen werden, wenn das Führen stressfrei funktioniert.
Glöckchen kommen zum Beispiel beim Fahren bei Schnee im Winter oft zum Einsatz, um sicherzustellen, dass die Kutsche oder der Schlitten auch von Passanten gehört wird und somit Unfälle vermieden werden können.

4. Reiten

Beim Reiten gilt das Gleiche wie beim Schicken. Die Sicherheit von Pferd und Reiterin sollte an erster Stelle stehen. Hast du keinen direkten Einfluss auf die Geräuschquelle, kannst du zum Beispiel nicht genügend Abstand dazu halten oder kommt das Geräusch zu plötzlich, so ist dies keine geeignete Lernsituation und sollte vermieden werden.

5. Übungsvorschläge

Übungen zur akustischen Wahrnehmung

Frei

Dein Pferd kennt die alltäglichen Geräusche aus seinem Umfeld. Je vielfältiger das Umfeld ist, umso vielfältiger sind auch die Erfahrungen, die es mit Geräuschen gemacht hat. Das merkt man daran, wie sicher es sich mit Lärm & Co. auseinandersetzt.

Führen

Andere Geräuschquellen kannst du bewusst beim Führen integrieren. Hat dein Pferd Angst vor einem Geräusch, gehe bitte schrittweise vor und lass ihm die Zeit, sich zu überlegen, wie es am besten reagieren soll. Geräusche, auf die du keinen Einfluss hast, sind schwieriger zu kontrollieren und sollten deswegen besser aus der nötigen Distanz erfasst werden. Eine Geräuschquelle, die du gut kontrollieren kannst, ist ein Lautsprecher, an dem du das Pferd vorbeiführst oder später -schickst. Hier kannst du die Lautstärke je nach Übungsniveau variieren.

Schicken

Beim Schicken mit großem Lärm im Hintergrund erkennst du, ob und wie sehr dein Pferd sich auf dich beim Führen verlässt. Wird es zu unsicher, dann kehre wieder zum Führen zurück, bis du mit ihm nach und nach zum Schicken übergehen kannst.

Reiten

Bleibt dein Pferd beim Führen und Schicken ganz gelassen, dann kannst du auch dazu übergehen, in solchen Situationen zu reiten und so euer Vertrauen weiter auszubauen.

In einer solchen Lage kann das Pferd nichts aus der Situation lernen, sie wird nur mit Stress und einem Vertrauensverlust in seine eigenen Fähigkeiten und in die des Menschen verknüpft.

Visuelle Wahrnehmung

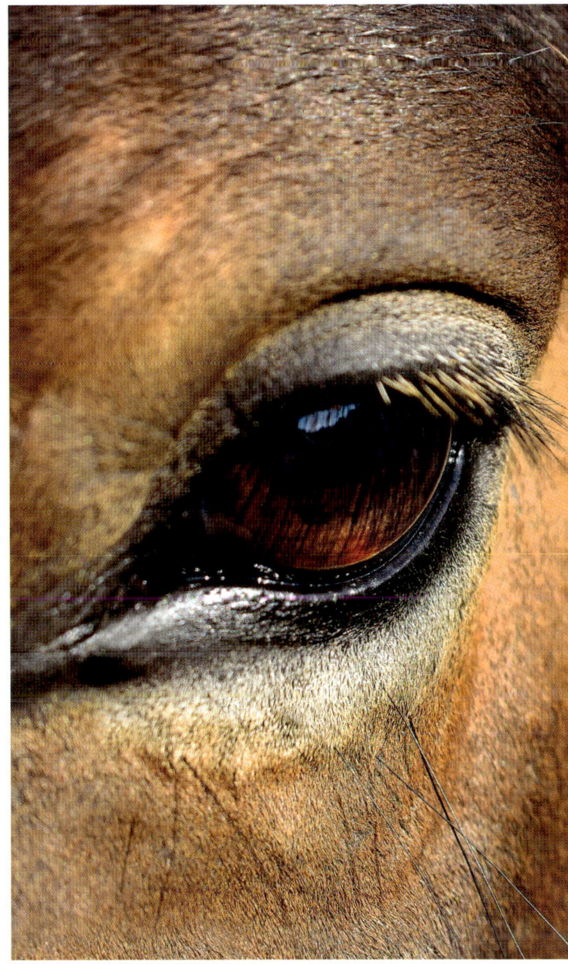

Zur besonderen visuellen Wahrnehmung von Pferden wurde bereits viel geschrieben.

Die visuelle Wahrnehmung von Pferden ist ein interessantes Thema und kann uns helfen, ihr Verhalten und ihre Bedürfnisse besser zu verstehen. Hier einige wichtige Aspekte zur visuellen Wahrnehmung bei Pferden:

Sichtfeld: Pferde haben ein großes Sichtfeld von etwa 300 Grad, fast rundum, mit nur einem kleinen blinden Fleck direkt vor ihrer Nase und einem anderen blinden Bereich direkt hinter ihrem Körper. Dieses breite Sichtfeld ermöglicht es ihnen, potenzielle Gefahren frühzeitig zu erkennen. Es ist wichtig, Übungen immer von beiden Seiten zu absolvieren, damit das Pferd sie aus beiden Blickwinkeln erfahren kann, denn die Sinneseindrücke der Körperhälften werden im Gehirn unterschiedlich verarbeitet. Weitere Informationen hierzu findest du in unserem Kasten und in einschlägiger Literatur.

Distanzwahrnehmung: Pferde sind in der Lage, Bewegungen auf große Entfernungen sehr gut zu erkennen. Dies ist ein Überlebensinstinkt, der es ihnen ermöglicht, Gefahren wie Raubtieren zu entkommen.

Farbwahrnehmung: Früher nahm man an, dass Pferde nur schwarz-weiß sehen. Neuere Forschung deutet darauf hin, dass sie einige Farben wahrnehmen können, jedoch wahrscheinlich nicht so vielfältig wie Menschen. Pferde sehen Blau- und Gelbtöne besser.

Bewegungserkennung: Pferde sind sehr gut darin, Objekte, die sich bewegen, zu erkennen. Dies ist ein wichtiger Überlebensinstinkt, der es ihnen ermöglicht, Gefahren zu entkommen.

Übungen zur visuelle Wahrnehmung

1. Freies Entdecken

Pferde nehmen Vieles in ihrem Umfeld auch visuell wahr. Sie sehen sich ungewöhnliche Gegenstände genau an. Dieser Sinn wird dann in Kombination mit anderen Sinnen genutzt, um ein möglichst komplettes Bild von der Situation zu bekommen.

Visuelle Wahrnehmung

Die visuelle Wahrnehmung des Pferdes ist besonders angepasst an das Dämmerungssehen und das Bewegungssehen (Saslow, 2002). Für ein Beutetier ist das Erkennen von sich geringfügig bewegenden Objekten, die auf einen Raubfeind hindeuten könnten, überlebenswichtig. Die seitlich am Kopf stehenden Augen beschränken das binokulare Sehen auf einen kleinen Bereich direkt vor dem Pferd von ca. 60°, während das gesamte Sehfeld 300° umfasst.

Pferde kommunizieren hauptsächlich über die visuelle Wahrnehmung, also über Gestik des Körpers und Mimik des Gesichtes. Die Körperhaltung spielt bei der Koordination der Herdenaktivitäten eine wichtige Rolle und die feinen mimischen Signale werden als wichtige Informationsquelle von Artgenossen wahrgenommen (Goodwin, 1999). Das visuelle Vermögen ist dem eines Fluchttieres angepasst und eher dafür entwickelt, Fressfeinde aus verschiedenen Annäherungswinkeln zu erkennen als stationäre Objekte (Saslow, 2002). Das räumliche Auflösungsvermögen von Pferden (also das Erkennen von noch zwei getrennten Objekten) liegt im Bereich von 20/30 auf der Snellen Skala. Dies ist etwas unterhalb des menschlichen Auflösungsvermögens (20/20), jedoch aber über dem von Hunden (20/50) und Katzen (20/75) (Hanggi, 2005). Hanggi und Ingersoll (2007) führten mit Pferden einen Sehtest durch, der bislang bei Menschen angewandt wurde und konnten zeigen, dass Pferde Dichromaten sind, also zwei Zapfentypen besitzen. Die Autoren vergleichen diese Farbwahrnehmung mit der eines Menschen mit Rot-Grün-Sehschwäche.

Lange wurde vermutet, Pferde könnten Objekte, die sie zuvor nur mit einem Auge wahrgenommen haben, mit dem anderen Auge nicht wiedererkennen. Anatomische Untersuchungen ergaben jedoch, dass eine funktionale Verbindung zur Informationsübertragung zwischen den Hemisphären eines Pferdes besteht, über das Corpus callosum (Gehirnbalken) (Krüger et al., 2011). Pferde können überdies Gelerntes, das nur über ein Auge wahrgenommen und erlernt wurde, später mit Sicht über das andere Auge übertragen. Diesen intraokularen Transfer konnte die Forscherin Hanggi (1999b) in ihrer Untersuchung zeigen. (Siehe Kasten intraokularer Transfer S. 136) Dennoch macht sich das Pferd wahrscheinlich primär andere Sinne als den optischen Sinn zunutze, um Umweltreize zu verarbeiten (Saslow, 2002).

Auch hier sind Pferde, die im Freien leben, an deutlich mehr visuelle Reize gewöhnt als Boxenpferde. Sie haben die Zeit und die Möglichkeit, sich alles anzusehen und nach eigenem Ermessen einzuschätzen.

Ein Polizeipferd in der Stadt muss ganz viele visuelle Reize kennenlernen.

Flatternde Baustellenbänder, Blumenkästen oder Ähnliches können sich in der Nähe von Weiden und Paddocks befinden, sodass die Pferde diese Gegenstände aus ihrem Alltag kennen. Außerdem sehen sie vielleicht Autos und Landmaschinen, die an ihnen vorbeifahren, und lernen auf natürliche Weise, dass keine direkte Gefahr von diesen ausgeht. Ebenfalls banale Eindrücke, wie zum Beispiel sein eigener Schatten, kann für ein Pferd furchteinflößend sein, wenn es das nicht aus seinem Alltag im Freien kennt.

2. Führen

An der Hand kannst du mit deinem Pferd noch deutlich mehr Erfahrungen machen. Sieht das Pferd sich im Reithallenspiegel? Bleib stehen und gib ihm die Zeit, sich ausgiebig zu betrachten. Vorsicht nur, dass es nicht gegen den Spiegel stößt. Auch andere Erfahrungen kann das Pferd machen, Fahnen, die in der Reitanlage hängen und auch auf vielen Turnieren, kannst du so bereits ruhig zu Hause kennenlernen. Alles, was das Pferd interessiert oder interessieren könnte, bietet sich an, um entdeckt zu werden, zum Beispiel Regenschirme, Fahnen, Luftballons, Tüten ...

Wichtig ist es, die Gegenstände von beiden Seiten zu betrachten. Gehst du immer von links an die Situation heran und hast du und dein Pferd diese sicher gemeistert, dann versuche es auch einmal von rechts. Hier kann es sein, dass dein Pferd – aufgrund der bereits erwähnten unterschiedlichen Verarbeitung im Gehirn – wieder

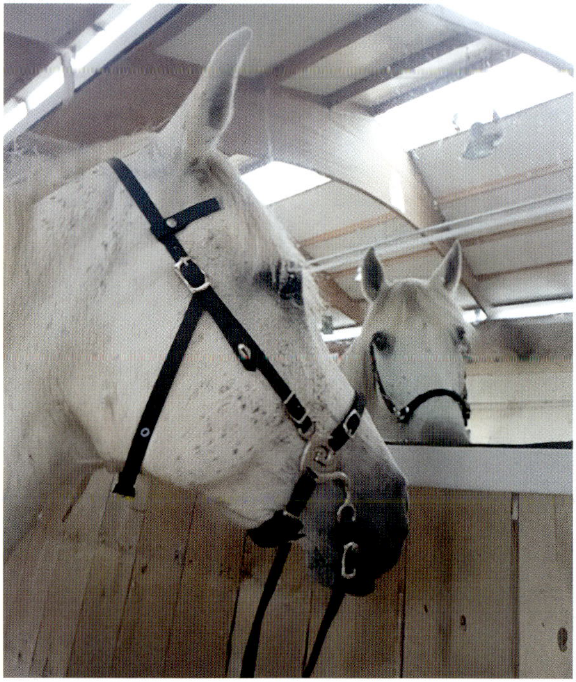

Das Pferd betrachtet sich im Spiegel.

unsicherer ist, aber das ist ganz normal. Aus diesem Grund ist es so wichtig, visuelle und auch andere Reize von beiden Seiten zu üben.

3. Schicken

Wenn das Pferd etwas an Vertrauen gewonnen hat, kannst du auch damit beginnen, es an diesen Gegenständen vorbeizuschicken oder bis an sie heran. Dies erfordert mehr Selbstbewusstsein vom Pferd und hilft ihm wiederum, auch dieses zu entwickeln. Hier kannst du ähnlich vorgehen wie beim Wasser, dich erstmal mit dem Pferd gemeinsam langsam rantasten und dann erst zum Schicken übergehen. Auch hier die Übung – trotz des intraokularen Transfers – unbedingt von beiden Seiten ausführen.

4. Reiten

Wenn Führen und Schicken gut funktionieren, dann dürfte auch das Reiten kein Problem mehr darstellen. Falls dein Pferd dann wieder stärker »guckig« ist, lass ihm die Zeit, sich damit auseinanderzusetzen und gehe dann erst zur nächsten Etappe über.

Intraokularer Transfer

Das Säugetiergehirn verarbeitet Umweltreize je nach sensorischem Eingang unterschiedlich. Treffen diese Umweltreize auf die linke Körperhälfte werden diese in der rechten Gehirnhälfte eher emotional verarbeitet, während Eingänge, die von der rechten Körperseite wahrgenommen werden, in der linken Gehirnhälfte und somit eher rational verarbeitet werden. Dies kann der Grund sein, warum Pferde wahrgenommene Objekte von der linken Seite mit einem anderen Verhalten beantworten als diese von der rechten Seite wahrgenommen.

Es ist jedoch erwiesen, dass ein Transfer zwischen den Gehirnhälften, der sogenannte intraokulare Transfer (Hanggi 1999b), stattfindet. Haben Pferde also von der einen Seite eine Aufgabe gelernt, müssen sie diese nicht komplett neu auf der anderen Seite lernen. Dies hat oft eher einen gymnastischen Hintergrund, genauso wie wir mit der einen Hand besser schreiben können als mit der anderen.

Im Alltag können visuelle Reize eine große Herausforderung darstellen. Eine sichere Straßenüberquerung sollte unbedingt in den erwähnten Lernschritten vorbereitet werden, um Sicherheit für alle Beteiligten zu gewährleisten.

5. Übungsvorschläge

Übungen zur visuellen Wahrnehmung

Frei

Wenn dein Pferd nicht abgeschirmt von äußeren Reizen lebt, sammelt es viele verschiedene Eindrücke. Du musst natürlich beachten, dass es sich zurückziehen kann und auch stressfreie und ruhige Bereiche zur Verfügung hat. Dennoch sollte es auch Eindrücke sammeln können. Zum Beispiel beobachten, wie ein Traktor den Mist abholen kommt oder ein LKW eine Lieferung bringt. Dies erlaubt es ihm, aus seinem sicheren Zuhause immer wieder Neues zu sehen.

Führen

Geh mit deinem Pferd spazieren. Lass ihm die Kopffreiheit und auch Zeit, seine Umgebung zu beobachten. Geh dabei möglichst nicht immer denselbe Weg, sondern vielleicht auch einmal in eine andere Richtung, um neue Pfade zu entdecken. Gibt es wenig Alternativen in deiner Region, dann mach dich mit deinem Pferd zu unterschiedlichen Tageszeiten auf den Weg. Vielleicht auch mal an einem Tag, an dem die Mülltonnen am Hofeingang stehen. Auch das ist eine neue Erfahrung für dein Pferd. Oder macht euch in der Weihnachtszeit auf, wenn am Abend die Gärten hell beleuchtet sind, oder bei Regen, wo man garantiert auf Menschen mit Regenschirmen trifft. Werde kreativ!

Führen

Es gibt viele Möglichkeiten, auch bekannte Wege auf eine neue Art und Weise zu entdecken. Bedenke auch, dass es wichtig ist, das Pferd von beiden Seiten zu führen. So lernt es dich und seine Umgebung aus zwei Blickwinkeln kennen.

Schicken

Schicken bietet dem Pferd immer wieder einen neuen Blickwinkel. Der Mensch befindet sich nicht mehr direkt an seiner Seite und ist vielleicht nicht mehr im direkten Blickfeld. Dies kann einen Einfluss auf das Verhalten deines Pferdes haben und es dazu anregen, sich seine Umgebung noch genauer anzusehen.

Reiten

Hier ist es ähnlich wie beim Schicken. Entdecke die Welt mit deinem Pferd gemeinsam und gib ihm die Möglichkeit, hinzusehen und zu verarbeiten, was es gesehen hat. Diese Pausen gilt es für die Reiterin auszuhalten. Wir sind es in unserem hektischen Alltag nicht gewohnt, innezuhalten und einfach hinzusehen. Dieses Verhalten unserer Pferde bietet uns eine gute Gelegenheit, es ihnen gleich zu tun und bewusster den Augenblick wahrzunehmen.

Eine Mülltonne als Trainingsgegenstand. Es gibt sie und sie lösen immer wieder Skepsis aus. Für uns ein willkommenes Trainingsziel. In gewohntem Ablauf, die Sicherheit vom Boden aus zu erarbeiten und die Neugier zu erhalten, stellt die Mülltonne dann auch beim Reiten kein Problem mehr dar.

Selbstwirksamkeit und Eigenverantwortung

Dieses letzte Kapitel liegt uns sehr am Herzen, da uns immer wieder Pferde begegnen, die zu abhängig von ihren Menschen sind. Da sie domestiziert sind, ist dies zum Teil normal, dennoch sollten sie in der Lage sein, manche Sachen selbstständig zu tun. Ein Pferd sollte sich um sich selbst kümmern können, sich auf seine Wahrnehmungen verlassen und entsprechend zum eigenen Schutz reagieren können. Dies wird erheblich eingeschränkt durch übertriebene Nutzung von Bandagen, Gamaschen und Decken. Natürlich gibt es medizinische oder gesundheitliche Gründe für diese Dinge, aber das ist eine andere Sachlage. Um zu vermeiden, dass sich das Pferd selbst verletzt, können wir die vorangegangenen Übungen und Überlegungen hervorragend nutzen. Des Weiteren sollten wir dem Pferd immer die nötige Zeit zur Verarbeitung der wahrgenommen Sinneseindrücke geben.

Pferde sollten in der Lage sein, grundlegende Bedürfnisse wie Futteraufnahme und freies Bewegen selbstständig zu erfüllen. Hier einige Gründe, warum es wichtig ist, Pferde zur Eigenständigkeit zu ermutigen:

1. **Gesundheit und Wohlbefinden:** Pferde, die in der Lage sind, ihre Bedürfnisse selbstständig zu erfüllen, sind oft gesünder und zufriedener. Sie können sich frei bewegen, fressen, trinken und sich selbst um das kümmern, was zur Aufrechterhaltung ihrer körperlichen und geistigen Gesundheit beiträgt.

2. **Vermeidung von Abhängigkeit:** Übermäßige Abhängigkeit von Menschen kann zu Problemen führen, wenn die Pferde in Situationen geraten, in denen sie ohne menschliche Unterstützung nicht zurechtkommen. Es ist wichtig, dass Pferde in der Lage sind, sich selbst zu schützen und eigenständige Entscheidungen zu treffen.

3. **Vermeidung von Verletzungen:** Das Bewusstsein für den eigenen Körper und die Umgebung ist entscheidend, um Verletzungen zu vermeiden.

4. **Psychische Gesundheit:** Die Förderung der Eigenständigkeit bei Pferden kann auch dazu beitragen, ihr Selbstvertrauen und ihre geistige Gesundheit zu stärken. Pferde, die in der Lage sind, selbstständig Probleme zu lösen und Entscheidungen zu treffen, sind oft ausgeglichener und weniger gestresst.

Die hier vorgestellten Übungen und Ansätze zur Förderung der Eigenständigkeit bei Pferden sind äußerst wertvoll. Sie ermöglichen es den

Ermögliche es deinem Pferd zu entdecken und zu lernen, nur so kann es ein aktiver Partner sein.

Pferden, ihre Fähigkeiten zu entwickeln und selbstständiger zu werden. Es ist wichtig, diese Prinzipien in das tägliche Training und die Pflege der Pferde zu integrieren, um ihr Wohlbefinden und ihre Lebensqualität zu verbessern.

Erlernte Hilflosigkeit

Mit erlernter Hilflosigkeit bezeichnet man einen Zustand des Pferdes, in dem das Tier aus Erfahrung gelernt hat, eine negative Situation nicht mehr aus eigener Kraft bewältigen zu können. Dieser Zustand ist das Gegenteil der Selbstwirksamkeit. Ist ein Pferd »selbst wirksam«, hat es weiter den Antrieb, nach Lösungsansätzen zu suchen und gibt sich mental nicht auf. Erlernt hilflose Pferde findet man leider zu oft in der menschlichen Obhut. Sie gelten fälschlicherweise oft als ruhig und entspannt. Die Lethargie, die sie an den Tag legen, bedeutet ein Ertragen von negativen Situationen mit der Empfindung, sich selbst nicht mehr helfen zu können.

Dieser psychische Zustand ist als äußerst kritisch zu bewerten und wird in der Humanpsychologie eng mit der Depression verknüpft. In unserer Verantwortung liegt es, unser Pferd als eigenständiges Wesen immer selbstwirksam zu halten und ihm die Lösungsvorschläge zu präsentieren, die für es selbst und uns gesund und sinnvoll sind.

Übungen zur Selbstwirksamkeit und Eigenverantwortung

1. Freies Entdecken

Neben dem vielfältig gestalteten Außenbereich oder auch Innenbereich, wie hier bereits mehrfach erwähnt, gibt es noch weitere Möglichkeiten. Dennoch ist zu unterstreichen, wie wichtig und elementar ein möglichst vielfältig gestalteter Lebensbereich für ein Pferd ist. Es kann so quasi 24 Stunden täglich trainieren, was nicht annähernd im Training mit dem Menschen erreicht werden kann.

Es gibt noch verschiedene Kleinigkeiten, die du tun kannst, um deinem Pferd zusätzliches Enrichment zu bieten: Karotten können im Heunetz versteckt oder das Heu mit Stroh vermischt werden, damit das Pferd sich die besten Halme herauszupfen kann.

Dem Pferd können auf seinem Paddock zum Beispiel Hütchen aufgestellt werden, worunter wir ihm Äpfel oder Karotten verstecken. Das Pferd lernt, dass es auch ohne Anwesenheit des Menschen etwas erreichen kann, wenn es nachdenkt und selbst handelt. Daher sollte der Mensch sich auch nicht in unmittelbarer Nähe aufhalten, sondern dem Pferd das Denken überlassen und es nicht durch nonverbale Signale oder Kommandos beeinflussen.

Eine andere lustige Idee ist das Apfeltauchen: Wenn dein Pferd aus einem großen Eimer trinkt, kannst du Äpfel dort hineingeben. Da Äpfel schwimmen, muss dein Pferd sich etwas Strategisches einfallen lassen, um sie herausfischen zu können. Vorsicht im Winter: Mancher übermütige Kandidat könnte das Wasser umwerfen, was zu einer Rutschpartie führen könnte.

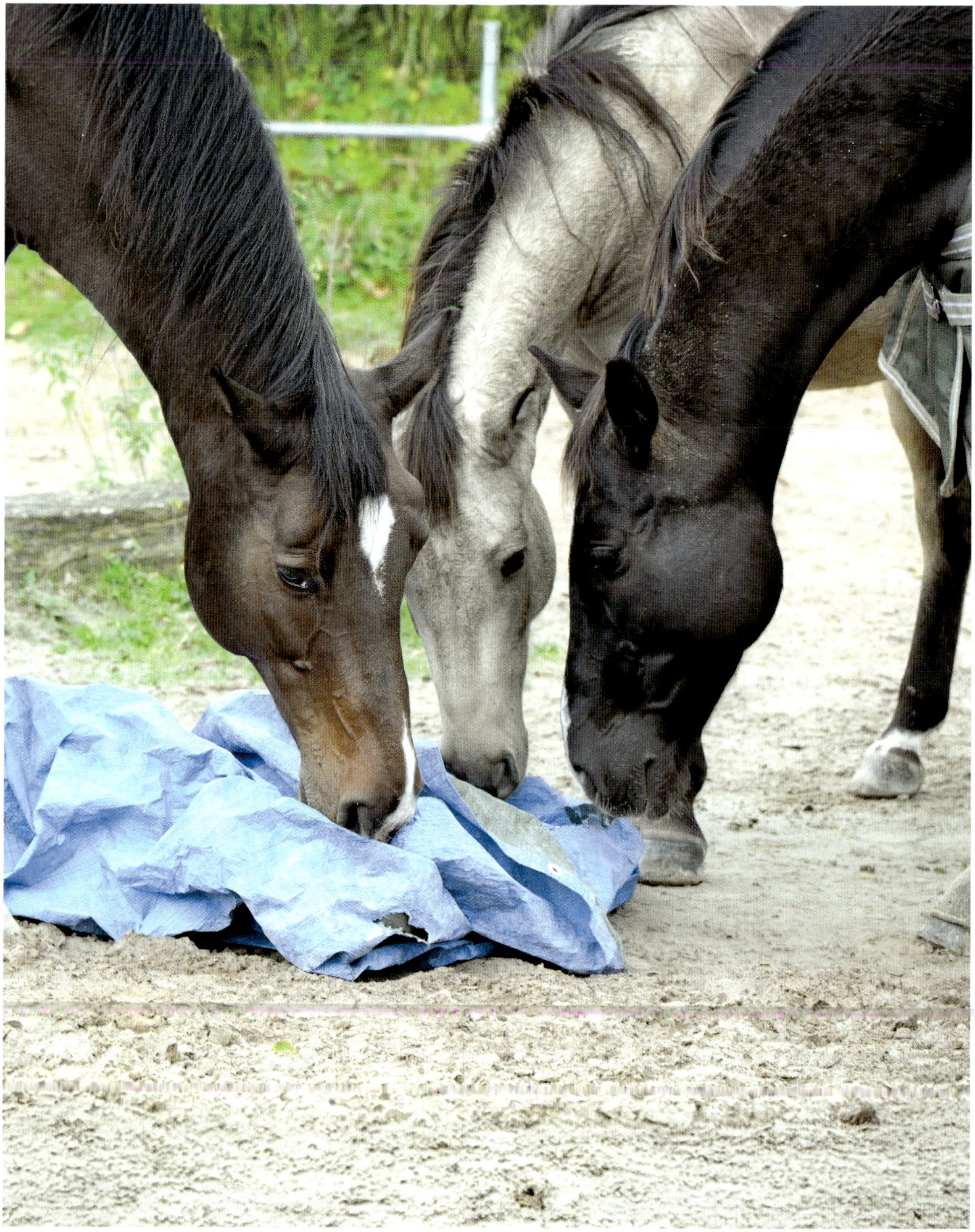

Mit allen Sinnen entdecken: Eine Plane im Paddock fördert das Erkundungsverhalten mit allen Sinnen. Hier werden sowohl der visuelle Sinn, der Geruchs- und Hörsinn als auch die Haptik angesprochen. Kann das Objekt dann auch noch gemeinsam mit Artgenossen erkundet werden, ist das für alle eine willkommene Abwechslung.

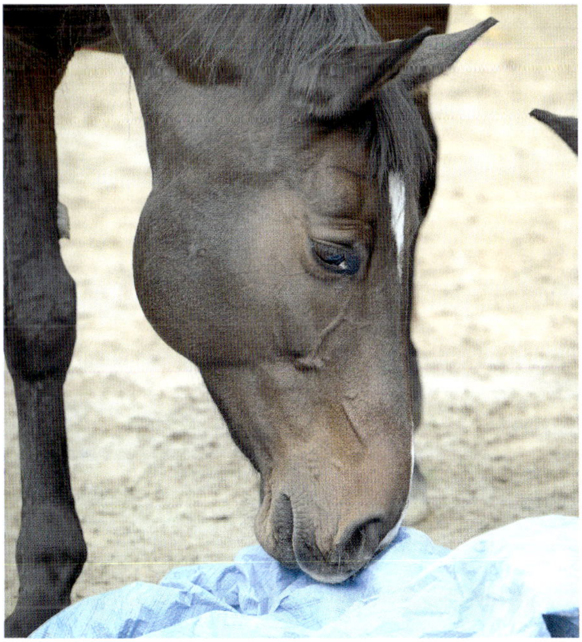

So schaffen es auch eher skeptische Pferde durch Nachahmung mehr Mut zu entwickeln.

Selbstwirksamkeit

Selbstwirksamkeit ist die innere Überzeugung, dass herausfordernde Situationen aus eigener Kraft gemeistert werden können. Sie stellt damit das Gegenteil der erlernten Hilflosigkeit dar. Die Selbstwirksamkeit unseres Pferdes zu fördern, ist ein wichtiger Aspekt des Wohlbefindens. Verliert ein Tier oder ein Mensch die Selbstwirksamkeit, tritt durch die gefühlte und erlernte Hilflosigkeit eine ständige psychische Belastung ein. Wir sind in der Verantwortung, unserem Pferd sein Leben so angenehm und stressfrei wie möglich zu gestalten, dazu gehört ganz eindeutig das Aufrechterhalten der Selbstwirksamkeit. So halten wir die psychische Belastung gering und geben dem Tier die eigene Einschätzung, Situationen und neue Herausforderungen aus eigener Kraft bewältigen zu können.

2. Führen

Beim Führen eignen sich eigentlich alle vorangegangenen Übungen. Dabei immer dem Pferd die Zeit lassen zu überlegen, wie es zum Beispiel dieses Hindernis überwinden und wo es seine Hufe hinsetzen kann. Das Pferd sollte für sich selbst denken lernen. Biete ihm eine Herausforderung und lasse ihm die Zeit, um sie zu lösen. Unterstütze es, wenn nötig, aber gib ihm nicht alles vor. Energisches Eingreifen durch Rucken am Strick oder übermäßiges Nutzen der Gerte sind in den seltensten Fällen produktiv. Hier empfehlen wir mehr Zeit in die Grundlagen der Bodenarbeit zu investieren.

Ein Pferd durch ein Stangenmikado zu führen, hilft ihm seine Eigenverantwortung zu entwickeln. Es muss sich bewusst entscheiden, wie es seine Hufe aufsetzt und kann nicht auf ein bekanntes Bewegungsmuster zurückgreifen. Alle Bodenunebenheiten helfen bei dieser Entwicklung. Wichtig ist hauptsächlich, dem Pferd die Zeit der Reflexion zu lassen und nicht zu hetzen. Wir wollen, dass unsere Pferde überlegen und nicht »kopflos« reagieren und sich und andere dabei in Gefahr bringen.

Dies ist in allem, was wir im Alltag tun, sehr wichtig. Hast du ein Pferd, das sich bereits beim Führen vom Stall zum Putzplatz selbst in Gefahr bringt und dich dadurch auch, so gilt es nur diesen Teil ganz kleinschrittig zu üben und sich viel Zeit dabei zu lassen. Lass das Pferd riechen, hören, schauen und ertasten, gibt ihm die Möglichkeit zu verstehen, was passiert, und lobe es auch, wenn du siehst, dass es etwas verarbeitet hat. Dies erkennst du meistens daran, dass das Pferd weniger angespannt ist, den Hals entspannt trägt und vielleicht etwas kaut oder seine Aufmerksamkeit wieder dir widmet. Das kannst du ruhig belohnen. Belohne es dafür zu denken und sich dir zu widmen. Genau das wollen wir: Pferde, die bewusst handeln und es gewohnt sind, mit neuen Situationen souverän umzugehen!

3. Schicken

Beim Schicken und beim Reiten gilt, den Strick oder die Zügel auch mal lang zu lassen, die Richtung vorzugeben, aber nicht immer den genauen Weg. Dies ist eine beachtliche Leistung und kann in einem Stangenmikado oder auch mal im Gelände eine tolle Kommunikationsübung sein. Es sollte aber im Gegenzug darauf geachtet werden, dass wenn der Mensch die Verantwortung dem Pferd überlässt, dieses auch in der Lage ist, kluge und koordinierte Entscheidungen zu treffen.

Schickst du also dein Pferd, zum Beispiel während eines Spaziergangs durch Wald und Flur, kann es sein, dass du deinen Weg gehst und das Pferd seinen und jeder von euch die Verantwortung für seine eigenen Schritte übernimmt. Wenn also eine matschige Stelle kommt und daneben ist es trocken, sollte das Pferd selbst bestimmen können, ob es durch den Matsch gehen will oder nicht. Außer wenn du bewusst üben willst, auch matschige Passagen zu meistern, dann ist das natürlich etwas Anderes.

Achte darauf, dass du dein Pferd intensiv begleitest, auch wenn du »nur« mit ihm unterwegs bist und Eindrücke und Erfahrungen sammelst.

Möchtest du zu Hause auf dem Platz oder in der Halle seine Eigenverantwortung stärken, so

Gemeinsam Neues entdecken und dem Pferd eine aktive partnerschaftliche Rolle eingestehen fördert seine Selbstwirksamkeit und die Verarbeitung seiner Sinneswahrnehmungen.

eignet sich auch ein »Pylonenwald« ohne klaren Weg, in dem das Pferd selbst überlegen muss, wo es durchpasst und wie es am besten auf die andere Seite gelangt. Das stärkt sein Körperbewusstsein ungemein.

4. Reiten

Das Gleiche gilt fürs Reiten. Bist du im Wald unterwegs und nicht gerade in einer Übung, so lass dem Pferd die Zügel lang, gib die Richtung an einer Kreuzung vor, aber lass dein Pferd entscheiden, ob es lieber links oder rechts vom Weg gehen will. Es lernt sich so selbst besser einzuschätzen und gewinnt an Vertrauen in sich selbst und auch in dich.

5. Übungsvorschläge

Übungen zur Selbstwirksamkeit

Frei

Gib dem Pferd die Möglichkeit, selbst Entscheidungen zu treffen. Zum Beispiel, indem es zwischen verschiedenen Bereichen wählen und sich dorthin bewegen kann. Es kann lernen, computergestützte Futterautomaten zu bedienen und Einwegtore zu nutzen, bei denen es selbst entscheiden kann, ob es einen Bereich verlässt oder nicht.

Führen

Auch hier kann das Pferd selbst Entscheidungen treffen. Es kann Pylonen umwerfen lernen oder einen Teppich auszurollen, um darunter Leckerlis zu finden. Oder du gehst spazieren und lässt den Strick im Wald etwas länger, sodass dein Pferd entscheiden kann, ob es in der Mitte des Weges gehen will oder lieber über den weicheren Streifen am Wegesrand.

Schicken

Das Schicken verläuft oft wesentlich kontrollierter ab als das Reiten. Auch hier kannst du dein Pferd einmal bestimmen lassen, an welcher Stelle es den Weg passiert, ob es den harten oder den weichen Boden bevorzugt, die Blätter oder den Asphalt. Durch die veränderte Position des Menschen wird beim Schicken automatisch mehr Eigenverantwortung gefördert.

Reiten

Auch beim Reiten kannst du das so umsetzen. Ob dein Pferd rechts oder links auf einem Weg läuft, kann es, wenn der Weg es erlaubt, selbst entscheiden. Nach und nach lernt das Pferd, selbst Entscheidungen zu treffen.

Die gute Zusammenarbeit zwischen Reiterin und Pferd ist ein Resultat vieler gemeinsamer Lernprozesse.

Zusammenfassung

Die hier beschriebenen Übungen sind weder allzu komplex, noch wurden sie von uns neu erfunden. Ganz im Gegenteil: Diese Übungen sind ganz banal und doch liegt darin ihre Stärke. Jede von uns kann sie einfach in ihren Stallalltag integrieren. Jedes Pferd kann hier Übungen finden, die ihm weiterhelfen. Es geht um die Kreativität, nicht jeden Tag das Gleiche zu tun, sondern bewusst Gelegenheiten wahrzunehmen, die sich bieten und diese dann auf vielfältige Art und Weise in der Zone der nächsten Entwicklung zu nutzen. Das Pferd und auch der Mensch profitieren immens von dieser Vorgehensweise.

Es geht also nicht so sehr darum, was du machst, sondern wie du es angehst, wie kreativ du bist, um die Gegebenheiten von Wetter, Lage und Vorkenntnissen zu nutzen, um möglichst viel Vielfalt und Diversität in deinen Alltag mit deinem Pferd zu integrieren.

Die Vielzahl und Komplexität von Sinneserfahrungen spielen eine zentrale Rolle in der geistigen Entwicklung von Pferden. Diese Erfahrungen, die über die Sinne wahrgenommen werden, beeinflussen nicht nur die Wahrnehmung der Welt, sondern fördern auch die kognitive, emotionale und soziale Entwicklung. Hier einige Schlüsselpunkte, die die Bedeutung von Vielfalt und Diversität in Sinneserfahrungen für die geistige Entwicklung unterstreichen:

Stimulation des Gehirns: Unterschiedliche Sinneserfahrungen bieten eine vielfältige Stimulation für das Gehirn. Jeder Sinn sendet einzigartige Signale an das Gehirn, was zu einer vielseitigen neuronalen Aktivität führt. Dies fördert die Entwicklung und Verknüpfung von Nervenzellen, was wiederum die kognitive Kapazität erhöht. Lernen findet in der Zone der nächsten Entwicklung statt. Je mehr dein Pferd schon gelernt hat, desto schneller wird es neues lernen.

Wahrnehmung und Verarbeitung von Informationen: Die Vielfalt der Sinneserfahrungen ermöglicht es den Pferden, Informationen aus der Umwelt auf unterschiedliche Weisen wahrzunehmen und zu verarbeiten. Dies unterstützt die Fähigkeit, komplexe Informationen zu verstehen und zu interpretieren.

Entwicklung von sozialen Kompetenzen: Diversität in den Erfahrungen eröffnet die Möglichkeit, sich auf die unterschiedlichen Pferde und andere Lebewesen einzustellen. Dies kann dem Pferd zusätzliche Sicherheit geben, was wiederum die soziale Entwicklung begünstigt. Das gemeinsame Entdecken spielt dabei eine wichtige Rolle.

Kreativität und Problemlösungsfähigkeit: Die Fähigkeit, vielfältige Sinneserfahrungen zu nutzen, trägt zur Entwicklung von Kreativität bei. Pferde, die verschiedene Arten von Sinneserfahrungen gemacht haben, neigen dazu, kreativer in der Problemlösung und im Denken zu sein. Dies gilt sowohl für das Pferd als auch für den Menschen!

Anpassungsfähigkeit und Resilienz: Die Bereitstellung gegenüber einer Vielzahl von Sinneserfahrungen unterstützt die Anpassungsfähigkeit. Dies ist besonders wichtig, da Pferde in der Lage sein müssen, sich an verschiedene Umgebungen und Situationen anzupassen.

Insgesamt kann festgehalten werden, dass die Diversität und Vielzahl von Sinneserfahrungen für die geistige Entwicklung von fundamentaler Bedeutung sind. Sie eröffnen den Pferden eine breite Palette an Möglichkeiten zur Wahrnehmung, zum Lernen und zur Anpassung, die ihre geistige Entwicklung auf vielfältige Weise fördern. Es ist wichtig, diese Vielfalt zu schätzen und sie in Training und Alltag zu integrieren.
Das Wichtigste, was du aus diesem Buch mitnehmen solltest, ist, deinem Pferd (und auch dir) vielfältige und abwechslungsreiche Sinneserfahrungen zu ermöglichen, kreativ eure Umgebung mit einzubeziehen und alle Lernprozesse mit Hilfe der Zone der nächsten Entwicklung zu gestalten.
Wenn du das berücksichtigst, dann wirst du staunen, wie viel ihr gemeinsam erleben und erreichen könnt!

Gemeinsames Erleben und Lernen kann so schön sein und lässt auch uns Menschen die Umwelt wieder bewusster wahrnehmen.

Schlusswort aus der Pferdewissenschaft

Pferde sind hochsoziale Wesen, verfügen über eine hohe Lernfähigkeit und haben besonders für ihren Lebensbereich hoch entwickelte feine Sinne. Die Verantwortung, die wir Menschen für diese Tiere besitzen, wenn wir sie in unsere Obhut holen, ist, ihnen ein sinnvolles Leben zu bieten. Mit einem grundsätzlichen Umdenken, was wir in unserem Alltag alles integrieren können, mit dem Ziel, das Pferd in seiner Selbstwirksamkeit und Selbstständigkeit zu fördern, können wir es wunderbar schaffen, sie körperlich und mental gesund zu erhalten. Eine gute Beziehung zwischen zwei Individuen entsteht durch gemeinsame schöne Erlebnisse und auch gemeinsam gemeisterte Herausforderungen. Dies stärkt das Vertrauen zueinander und die Verlässlichkeit in der Partnerschaft. Wir Menschen haben die Aufgabe, in einigen Situationen das Kommando zu übernehmen, weil das Pferd die Komplexität der Lage nicht verstehen kann, zum Beispiel an einer Straße oder wenn man an einem Wettbewerb teilnimmt. An anderer Stelle aber können wir uns auch auf die Sinnesqualitäten und die Fähigkeit unseres Pferdes verlassen. Mentale Stärke und eine gute Physis müssen trainiert werden. So, wie wir Pferde meist halten und trainieren, fördern wir nicht diese beiden Aspekte, sondern im Gegenteil, sie drohen, sich zu verschlechtern und zu verkümmern. Daraus resultieren ein höheres Verletzungsrisiko und eine dauerhafte psychische Belastung für das Pferd. Dies kann zu Verhaltensstörungen, Stereotypien, introvertiertem oder sogar depressivem Verhalten führen oder zur Aggression. Im Verhaltenstraining bekommen wir dann diese Pferde als »Problempferde« übergeben. Das Problem, was allerdings das Pferd zeigt, hat sich lange aufgebaut. Das Verhalten, das man dann als Symptom sieht, ist die einzige Äußerung, die das Pferd hat, um sich uns gegenüber mitzuteilen.

Ein schönes Ziel für alle Verhaltenstrainer wäre es, wenn es nicht mehr so viele »Problempferde« gäbe, sondern wenn wir noch größeren Erfolg bei der Prävention von Problemen hätten! Und hier kann jeder Pferdebesitzer einsteigen. Mit den Übungen und der Herangehensweise, die in diesem Buch beschrieben sind, bringt jeder sich selbst seinem Pferd und der Natur näher und fördert es in diesen wichtigen, grundlegenden Fähigkeiten. Pferde bringen diese Fähigkeiten von Natur aus mit und unsere Verantwortung ist es, diese zu erhalten, um den Pferden in unserer Obhut das bestmögliche Leben zu ermöglichen.

Schlussfolgerungen

Das Pferd ist unser Partner, der uns durch dick und dünn begleitet und auch trägt. Treu, selbstbewusst und selbstdenkend wie Tornado, Fury, Black Beauty oder Jolly Jumper. Solch ein Pferd ist der Wunsch vieler Reiterinnen, egal in welcher Sparte sie unterwegs sind. Mit der richtigen Förderung ist es möglich, sich diesen fiktiven Idealen zu nähern und mit seinem Pferd eine einzigartige Partnerschaft aufzubauen.

Wenn du diese Übungen mit deinem Pferd problemlos machen kannst, dann kannst du auch dazu übergehen, verschiedene Lektionen miteinander zu kombinieren, zum Beispiel im Dunkeln durch eine Pfütze zu gehen. Eine andere und tiefere Art der Verbindung kannst du in der Freiarbeit oder beim Reiten ohne Sattel und Zaumzeug erreichen. Das kann sinnvoll das bereits bekannte Training ergänzen und abwechslungsreicher werden lassen.

So hast du danach ein schlaues, sicheres und souveränes Pferd, das die kognitiven Möglichkeiten hat, gut und schnell zu lernen. Keine noch so gute Bewegung oder schöne Farbe und kein perfekter Körperbau helfen uns, wenn das Pferd nicht kognitiv für die Zusammenarbeit mit dem Menschen bereit ist und dafür, gemeinsam neue Herausforderungen zu meistern.

Letztendlich ist die geistige Bereitschaft des Pferdes entscheidend für eine erfolgreiche Partnerschaft. Ein kluges, selbstbewusstes und lernbereites Pferd kann mit seinem Menschen auf einzigartige Weise zusammenarbeiten. Im Zuge des Umwelttrainings für Pferde wird nicht nur die physische Fitness gestärkt, sondern auch ein Schwerpunkt auf die Erweiterung sensorischer Erfahrungen sowie die Entwicklung von Selbstwirksamkeit gelegt. Dieser ganzheitliche Ansatz ermöglicht nicht nur ein vielseitiges und anspruchsvolles Training, sondern trägt maßgeblich zur Entfaltung des individuellen Potenzials jedes Pferdes bei.

Das Pferd, als von Natur aus neugieriges Wesen, verfügt über eine beeindruckende Bandbreite sensorischer Fähigkeiten. Im Umwelttraining werden diese Fähigkeiten gezielt angesprochen und erweitert. Das Erkunden verschiedener Bodenbeläge, das Überqueren von natürlichen Hindernissen und die Konfrontation mit unterschiedlichen Wetterbedingungen fördern nicht nur die Körperbeherrschung, sondern schärfen auch die Sinne des Pferdes.

Eine zentrale Komponente des Umwelttrainings ist die Förderung der Selbstwirksamkeit beim Pferd. Durch die bewusste Konfrontation mit verschiedenen Umwelteinflüssen wird dem Pferd die Gelegenheit gegeben, seine Umgebung aktiv zu erkunden und Herausforderungen zu bewältigen. Dies stärkt nicht nur das Selbstvertrauen, sondern vermittelt dem Pferd auch ein Gefühl der Kontrolle über seine Umwelt. Beispielsweise kann das Überwinden von natürlichen Hindernissen oder das sichere Navigieren durch

Tägliche Herausforderungen sind irgendwann kein Problem mehr. Sie werden immer souveräner und mit Freude gemeistert.

unterschiedliche Bodenverhältnisse dem Pferd zeigen, dass es Einfluss auf seine Umgebung nehmen kann.

Die intensive Auseinandersetzung mit Umwelteinflüssen fördert nicht nur die körperliche und mentale Entwicklung des Pferdes, sondern vertieft auch die Partnerschaft zwischen Mensch und Tier. Das gemeinsame Meistern von Herausforderungen, das Teilen neuer Erfahrungen und das Vertrauen in die Fähigkeiten des Partners schaffen eine tiefere Verbindung. Die emotionale Resonanz zwischen Reiter und Pferd wird gestärkt, wenn beide gemeinsam durch das Umwelttraining wachsen und neue Horizonte entdecken.

Die im Umwelttraining gewonnenen sensorischen Erfahrungen und die gesteigerte Selbstwirksamkeit haben nicht nur kurzfristige, sondern auch langfristige Auswirkungen auf das Wohlbefinden und die Leistungsbereitschaft des Pferdes. Ein Pferd, das seine Umwelt aufmerksam und selbstbewusst wahrnimmt, wird nicht nur in seiner physischen Geschicklichkeit gefördert, sondern auch in seiner mentalen Stabilität. Die positive Einstellung und die gesteigerte Selbstwirksamkeit tragen zu einem ausgeglichenen

Sonnenuntergang und Wasser kombiniert, erfordern Vertrauen vom Pferd in seine eigenen Fähigkeiten und in seinen Menschen.

und zufriedenen Pferd bei, das bereit ist, neue Aufgaben mit Begeisterung anzugehen.

Fazit: Die Symbiose von Sinneserweiterung und Selbstwirksamkeit

In der gezielten Nutzung von Umwelteinflüssen im Pferdetraining manifestiert sich eine einzigartige Symbiose von Sinneserweiterung und Selbstwirksamkeit. Umwelttraining wird zu einem Symbol eines umfassenden Ansatzes, der nicht nur die körperlichen, sondern auch die emotionalen und mentalen Dimensionen des Pferdetrainings umfasst. Durch die bewusste Integration dieser Elemente schaffen Pferd und Mensch.

Also auf geht's zu neuen Erlebnissen zusammen mit deinem Pferd! Lass es entdecken, gib ihm Zeit und nutze Gelegenheiten, um eure beider Horizonte zu erweitern.

Literaturverzeichnis

Gabor, V. (2012): Untersuchungen zu höheren kognitiven Leistungen beim Pferd. Cuvellier Verlag

Goodwin, D. (1999): The importance of ethology in understanding the behaviour of the horse. Equine Vet. J. Suppl. 28, 15-19

Goodwin, D. (2002): Horse behaviour: evolution, domestication and feralisation. In: Waran, N. (Hrsg.) (2002): The Welfare of the Horses. Luwer Academic Publishers, Dodrecht, The Netherlands, 1-18

Hanggi, E.B. (1999b): Interocular transfer of learning in horses (Equus caballus). J Equi. Vet. Sci. 19 (8), 518-524

Hanggi, E. (2003): Discrimination learning based on relative size concepts in horses (Equus caballus). Appl. Anim. Behav. Sci., Elsevier

Hanggi, E.B. (2005) The thinking horse: cognition and perception reviewed. In: American Association of Equine Practitioners 51st Annual Convention Proceedings, Seattle, Washington, 246–255

Hanggi, E.B. und Ingersoll, J.F. (2007): Stimulus discrimination by horses under scotopic conditions. Behav. Proc. 82 (1), 45-50

Häfelinger, U. & Schuba, V. (2013). Koordinationstherapie: propriozeptives Training. Aachen: Meyer und Meyer Verlag.

Heffner R.S. & Heffner, H.E. (1983): Hearing in large Mammals: Horse (Equus caballus) and Cattle (Bos taurus). Behav. Neurosci. 97 (2), 299-309

Hothersall, B., Harris, P., Sörtoft, L., Nicol, C.J. (2010a): Discrimination between conspecific odour samples in the horse (Equus caballus). Appl. Anim. Behav. Sci. 126 (1-2), 37-44

Houpt, K.A., Zahorik, D.M., Swartzman-Andert, J.A. (1990): Taste aversion learning in horses. J. Anim. Sci. 68 (8), 2340-2344

Jean Ayres, A. (2016). Bausteine der kindlichen Entwicklung: Sensorische Integration verstehen und anwenden. Berlin: Springer Verlag.

Kandler, M.: Werner Michl: Erlebnispädagogik. München: Ernst Reinhardt Verlag (UTB) 2009 - In: Zeitschrift für Pädagogik 56 (2010) 3, 437-440

Kanning, U. P. (2009). Diagnostik sozialer Kompetenzen. Göttingen: Hogrefe Verlag.

Krüger, K. Farmer, K., Byrne, R. (2011): Die sensorische Lateralität als Indikator für emotionale und kognitive Reaktionen auf Umweltreize beim Tier. Aktuelle Arbeiten zur artgemäßen Tierhaltung, KTBL-Schrift 489, KTBL, Darmstadt, 13-22

Krueger, K. & Flauger, B. (2011): Olfactory recognition of individual competitors by means of faeces in horse (Equus caballus). Anim. Cogn. 14, 245–257

McGreevy, P. (2004): Equine Behavior: A Guide for Veterinarians and Equine Scientists. Elsevier

Perleth, C. (2008). Intelligenz und Kreativität – Intelligence and Creativity. In W. Schneider & M. Hasselhorn (Hrsg.), Handbuch der Pädagogischen Psychologie. Göttingen: Hogrefe. Perleth, C. & Schatz, T. (2003).

Saslow, C.A. (2002): Understanding the perceptual world of horses. Appl. Anim. Behav. Sci. 78, 209-224

Schubert, S. & Schwill, A. (2011): Kompetenzentwicklung. In: Didaktik der Informatik. Spektrum Akademischer Verlag, Heidelberg. https://doi.org/10.1007/978-3-8274-2653-6_5

Schuetz, A., Farmer K. & Krueger, K. (2017): Social learing across species: horses (Equus caballus) learn from humans by observation. Anim. Cogn. 20, 567-573

Stoddart, D.M. (1980): The Ecology of Vertebrate Olfaction. Chapman and Hall, London.

Wirtz, M. A. (23. Mai 2022). Dorsch - Lexikon der Psychologie. Von der Zone der nächsten Entwicklung: https://dorsch.hogrefe.com/stichwort/zone-der-naechsten-entwicklung abgerufen

Über die Autorinnen

Dr. Vivian Gabor ist Verhaltensbiologin und promovierte Pferdewissenschaftlerin. Ihr Spezialgebiet ist das Lernverhalten des Pferdes sowie die Kommunikation zwischen Mensch und Pferd. Ihr Anliegen ist die Verknüpfung von Wissenschaft und Praxis. Sie betreibt ein Ausbildungszentrum für Mensch und Pferd in Einbeck und ist Gründerin des Instituts für Verhalten und Kommunikation (IVK). Hier werden Pferdeverhaltenstrainer ausgebildet, die ihre Kenntnisse mit den Pferdebesitzern zusammen in ein erfolgreiches und pferdegerechtes Training umsetzen.

Weitere Informationen über die Arbeit von Dr. Vivian Gabor findest du unter: **www.IVK-center.de**

Myriam Zimmer ist Pädagogin M.A. mit dem Schwerpunkt Lernen und Kommunikation und Reittherapeutin. Durch ihre jahrelange Arbeit mit Kindern mit sonderpädagogischem Förderbedarf hat sie viele Erfahrungen im Bereich der sensorischen Förderung gesammelt und kennt den Wert der Umwelt für die gesunde Förderung. Sie bildet seit über 20 Jahren ihre eigenen Pferde nach diesen Prinzipien selbst aus und unterstützt andere Pferde und Menschen auf ihrem Weg.

Die Kombination von pädagogischem und sonderpädagogischem Wissen bei der Ausbildung ihrer Pferde hat sich somit ganz natürlich ergeben.

Weitere Informationen über die Arbeit von Myriam Zimmer findest du unter:
www.neohippus.de

Bildnachweis

Team Silke Brünnet: S. 157
CAVALLO/Rädlein: S. 4, 8, 11, 12, 13 re, 27, 28, 39, 47, 58, 65, 67, 70, 71, 82, 87, 90, 103, 112, 113, 117, 118, 123 li, 137, 138, 139, 142, 143, 146, 148, 151
Cara Dörpmund: S. 156, 158
Juliane Fellner: S. 19, 75, 76
Archiv Vivian Gabor: S. 20
Simone Hage: S. 153
Alisa Konrad: S. 34
Archiv Myriam Zimmer: S. 15, 39, 62, 72, 77, 80, 81 re, 92, 115, 136, 140, 141
iStockphoto.com/Magnifical Productions: S. 7; BrianAJackson; S. 13 li; GarethDaBell: S. 14, 130 ; Jeu: S. 16 ; Sitikka: S. 21 ; Azaliya: S. 23, 57; Blue Planet Studio: S. 25 ; Ainslie Brennan: S. 30 ; Ashva: S. 31 ; Lara_Uhryn: S. 32; Алексей Трифонов: S. 33; Svetography: S. 36; ANGHI: S. 41; PavlovskiJenya: S. 42; sfmorris: S. 44; LSOphoto: S. 45; Christopher Moswitzer: S. 48; steved_np3: S. 52; Armiramir: S. 53; deduhin: S. 55; LENblR: S. 56; SeventyFour: S. 60; pipalana: S. 64; Elisabeth Bender: S. 68; peplow: S. 74; grafxart8888: S. 79; Heidi Patricola: S. 81 li; Emily_M_Wilson: S. 85; Esperanza33: S. 88; Lina Shatalova: S. 95 oben; kanyakits: S. 95 unten; Alexia Khruscheva: S. 98; Sitikka: S. 101; nathan4847: S. 102; Abramova_Kseniya: S. 61, 104 li; subinpumsom: S. 104 re; Wirestock: S. 106, 111, 123 re; Neurobite: S. 107; ACM1988: S. 116; Monique Shaw: S. 119; Anna Gorbacheva: S. 121; Callipso: S. 18, 84, 99, 122, 152; vicuschka: S. 125; Gerardo Huitrón: S. 126; helivideo: S. 128; JPNM: S. 131; Arija07: S. 133; Abalcazar: S. 135

Bücher zu weiteren interessanten Themen

Vivian Gabor
Mein Pferd kann's!
Lerntraining für Pferde

144 Seiten, 100 Bilder
ISBN 978-3-275-02197-0
€ 19,95/€ (A) 20,60

Mit diesem Ratgeber lernt der Pferdebesitzer, sein Pferd besser zu verstehen. Anhand von Lernübungen und spannenden Tests aus der aktuellen Forschung kann er herausfinden, wie schlau sein Pferd ist. Vivian Gabor erklärt, wie man kreative Aufgaben praktisch umsetzt und wie Lernen erfolgreich gefördert wird.

Vivian Gabor
Vom WILDpferd zum Reitpferd
Meine Begegnung mit einem Mustang

160 Seiten, 207 Bilder
ISBN 978-3-275-02133-8
€ 19,95/€ (A) 20,60

Gut nachvollzierbar beschreibt Dr. Vivian Gabor, wie sie einen zuvor wild lebenden Mustang zum zuverlässigen Partner ausbildet: von der ersten Gewöhnung an die menschliche Umgebung über die Boden- und Freiarbeit bis hin zum zuverlässigen Reitpferd. Dieses Buch lädt ein, sich in die ursprüngliche Natur des Pferdes hineinzuversetzen, um das Training sinnvoll zu gestalten.

Yvonne Gutsche
Gelassenheitstraining
So wird Dein Pferd zum sicheren Partner

176 Seiten, 200 Bilder
ISBN 978-3-275-02281-6
€ 24,90/€ (A) 25,60

Ein gelassenes Pferd ist das Ziel jeder Pferdeausbildung und die beste Sturzvorsorge für den Reiter. Yvonne Gutsche beschreibt, wie man Gelassenheits-Training auf Pferdetypen anpasst, Schritt für Schritt aufbaut und was hinter den Reaktionen der Pferde steckt.

Viviane Theby
So lernen Pferde

96 Seiten, 103 Bilder
ISBN 978-3-275-02081-2
€ 11,95/€ (A) 12,40

Pferde lernen immer und überall dazu. In diesem Ratgeber werden die Lerngesetze an praktischen Beispielen erklärt und gezeigt, wie man sie für effektives Training nutzen kann.

Änderungen in Preis- und Lieferfähigkeit vorbehalten

Überall, wo es Bücher gibt, oder unter
www.mueller-rueschlikon.de
Service-Hotline: 0711/78992151

Müller Rüschlikon